『十四五』时期国家重点出版物出版专项规划项目
中国经济作物种质资源丛书/特色果树种质资源系列

中国山葡萄种质资源

艾军 等◎著

中国农业出版社
北 京

图书在版编目（CIP）数据

中国山葡萄种质资源/艾军等著. —北京：中国农业出版社，2022.10
（中国经济作物种质资源丛书. 特色果树种质资源系列）
ISBN 978-7-109-29839-2

Ⅰ.①中… Ⅱ.①艾… Ⅲ.①葡萄－种质资源－中国 Ⅳ.①S663.102.4

中国版本图书馆CIP数据核字（2022）第149476号

中国农业出版社出版
地址：北京市朝阳区麦子店街18号楼
邮编：100125
责任编辑：黄　宇
版式设计：杜　然　　责任校对：吴丽婷　　责任印制：王　宏
印刷：中农印务有限公司
版次：2022年10月第1版
印次：2022年10月北京第1次印刷
发行：新华书店北京发行所
开本：787mm × 1092mm　1/16
印张：7.5
字数：153千字
定价：95.00元

著者名单

艾　军　刘迎雪　刘晓颖

赵　滢　孙　丹　杨义明

王振兴　石广丽　郭建辉

张苏苏

前 言

葡萄属的三大种群中，欧亚种群（欧亚种）是被人类驯化栽培最早的果树种类之一。其被栽培利用至少已有四五千年的历史，世界上著名的鲜食、酿酒、制干品种大多属于该种群。该种群具有果实品质好，口感风味纯正等优点，但抗寒性较差，成熟的枝条和芽眼只能抗－18～－16℃低温，根系也只能抗－5～－3℃的低温。该种群对真菌病害黑痘病、白腐病等抗性也较弱。

山葡萄（*Vitis amurensis* Rupr.）隶属于东亚种群，成熟的枝条和芽眼能抗－50～－40℃低温，根系能抗－16～－14℃的低温，且对白腐病、黑痘病、炭疽病等主要葡萄病害也表现为较高的抗性，其酿酒品质亦独树一帜。我国开展山葡萄驯化栽培始于20世纪50年代，至今只有约70年的时间，与欧亚种葡萄的驯化栽培历史相比不可谓不短，但这约70年的时间里却取得了令人瞩目的成就。中国科学院北京植物园、吉林省农业科学院果树研究所等单位最早利用山葡萄资源与欧亚种葡萄开展杂交育种工作，选育出北醇、公酿1号等种间杂交葡萄品种，利用山葡萄抗寒及抗病的特性，使杂交后代抗逆性得到较大提升。

中国农业科学院特产研究所以林兴桂、邓润中、史贵文、沈育杰等为代表的老一代科研工作者经不懈努力，建立了“国家果树种质左家山葡萄圃”，收集保存山葡萄种质资源400余份，构建起了山葡萄种质资源的鉴定评价体系，并系统鉴定评价山葡萄种质资源300余份，为山葡萄种质创新及新品种选育奠定了坚实的基础。以山葡萄种质为育种亲本，选育山葡萄及山欧杂交品种12个，栽培面积达1.5万余hm^2，支撑了我国东北地区特色葡萄酒产业的发展。

笔者自1993年进入山葡萄种质资源课题组至今已有28个年头，在这期间亲眼目睹了老一辈山葡萄种质资源科研工作者对事业的执着和严谨的治学风范。尤其是2012年开始负责“国家果树种质左家山葡萄圃”工作以来，更深刻地感触到这一工作的任重道远及传承的重要性。我们在继承前人研究工作的基础上，在山葡萄种质资源保存方法、繁殖更新技术、病虫害防治、遗传多样性评价及种质创新领域均有小得，并积累了大量的图片资料，经过系统整理，编撰成书，希望对山葡萄种质资源的收集、保存、评价及高效利用等能起到一定的借鉴和指导作用。

在本书编写的过程中，承蒙中国农业科学院特产研究所沈育杰研究员审校，团队研究生温欣、荣涵在资料整理过程中也做了大量工作，在此一并表示感谢。限于水平及时间，书中不足和疏漏之处在所难免，敬请同行及读者批评指正。

主要病虫害及防治部分所用的农药应符合国家相关文件的规定，使用浓度及施用量，会因生长时期及产地生态条件的差异而有所变化，故仅供参考。实际应用以所购产品使用说明为准。

著者　艾军

2021年8月

目录

第一章　概　述

全世界葡萄属植物约70余种，分为3个起源中心，其中最主要的是东亚中心，主要分布在北半球的温带或亚热带地区（孔庆山，2004）。中国是世界葡萄属植物野生资源最丰富的国家，分布的葡萄属植物有39种、1亚种和13个变种（孔庆山，2004；李朝銮，1998）。山葡萄（*V. amurensis* Rupr.）原产于中国、俄罗斯远东及朝鲜半岛，是中国最主要的葡萄属植物野生资源。其在中国主要分布于吉林省的长白山脉、黑龙江省的小兴安岭及内蒙古乌兰察布盟以东的大青山、蛮汉山，此外，河北省的燕山山脉及山西、宁夏、甘肃等省份亦有分布。山葡萄生长于海拔200 ~ 2 100m的山林、河谷及采伐迹地，攀附于灌木或乔木上（李朝銮，1998）。其伴生植物主要有：水曲柳（*Fraxinus mandshurica* Rupr.）、紫椴（*Tilia amurensis* Rupr.）、茶条槭（*Acer ginnala* Maxim.）、黄檗（*Phellodendron amurense* Rupr.）、软枣猕猴桃[*Actinidia arguta*（Sieb.et Zuce.）Planch.ex Miq.]、山楂（*Crataegus pinnatifida* Bge.）、秋子梨（*Pyrus ussuriensis* Maxim.）、胡枝子（*Lespedeza bicolor* Turcz.）、榆树（*Ulmus pumila* L.）、榛（*Corylus heterophylla* Fisch.）、白桦（*Betula platyphylla* Suk.）、山杨（*Populus davidiana* Dode）、胡桃楸（*Juglans mandshurica* Maxim.）、落叶松（*Larix olgensis* A. Henry）、蒙古栎（*Quercus mongolica* Fisch. ex Ledeb）等。

山葡萄的抗寒力极强，在冬季极端气温－39.2℃的黑龙江地区，冬季不覆盖也能安全越冬（王军等，1995）。贺普超等（1982）用电导法对起源于我国的9个葡萄野生种进行抗寒性评价，结果表明山葡萄的抗寒性最强。山葡萄对白腐病、黑痘病、炭疽病等主要葡萄病害也表现为高抗（王跃进等，1988；贺普超等，1991）。因此，山葡萄是葡萄抗寒、抗病育种的宝贵种质资源。以山葡萄浆果为原料酿制的山葡萄酒风味独特，在葡萄酒中独树一帜。

20世纪初米丘林就曾指出山葡萄优良株系是苏联北方露地种植葡萄的希望，更是与南方大果型葡萄杂交的珍贵资源。经过多年的收集，全苏作物科学研究所远东实验站保存的山葡萄种质材料最多时达到300份以上，1993年时为132份（林兴桂，1993）。俄罗斯和前苏联有相当多的育种家曾先后利用山葡萄进行抗寒育种，育成了许多优良品种（罗国光，2011）。米丘林曾进行了开创性的工作并通过杂交育成了首批抗寒葡萄品种，如北极[山葡萄×北方黑（山葡萄×加拿大布兰德）]，米丘林科林斯（山葡萄×希腊科林斯），农庄（野生山葡萄×北方黑），金属（特列格拉夫×野生山葡萄）及俄罗斯康可

（山葡萄×康可）等。从1955年开始，苏联的多家葡萄研究单位开展选育具有综合抗性的葡萄品种，仅全苏波塔平科葡萄栽培与酿酒研究所在1958—1970年间就育成43个品种。

自20世纪50年代，我国有关科研单位、大专院校及葡萄酒厂等开始对山葡萄资源开展了调查、收集、保存、评价等方面的研究，并在品种选育、人工栽培等方面取得了丰硕的成果，支撑了相关产业的发展。

我国收集保存的山葡萄种质资源主要为野生资源，也包括以山葡萄为材料育成的种间杂交资源。目前，我国共收集、保存山葡萄种质资源500多份，依托中国农业科学院特产研究所建立"国家果树种质左家山葡萄圃"，入圃保存山葡萄种质资源400余份；此外，依托中国农业科学院郑州果树研究所建立的"国家果树种质郑州桃葡萄资源圃"也有部分保存。我国还开展了山葡萄种质鉴定评价工作，完成了形态特征、生物学特性、品质特性、抗逆性等鉴定评价300余份。尤其是山葡萄两性花种质"双庆"的发现，在山葡萄研究领域具有里程碑性的意义。"双庆"是原吉林市长白山葡萄酒厂张柯等人1963年在吉林省蛟河县天北公社发现的一株野生两性花山葡萄，代号"长白11号"。后经吉林市长白山葡萄酒厂与中国农业科学院特产研究所协作，繁殖成无性系培育观察，并于1975年经正式审定，命名为"双庆"，成为我国第一个两性花山葡萄品种（林兴桂，1982）。该份资源的发现使山葡萄两性花育种成为现实，彻底改变了山葡萄采用雌能花植株建园的历史，使山葡萄栽培产量显著提高，也为山葡萄两性花品种选育提供了物质基础，成为山葡萄产业良种化发展的关键。中国农业科学院特产研究所等单位从1974年开始以"双庆"为父本，优良雌能花品系为母本进行种内杂交选育两性花新品种的研究，选育出双丰、双红和双优3个两性花山葡萄品种（皇甫淳等，1994；王军等，1996；宋润刚等，1998），在山葡萄产区被大规模推广利用。

中国科学院北京植物园、中国农业科学院特产研究所、吉林省农业科学院果树研究所等单位利用山葡萄种质资源开展实生选种、种内杂交育种及种间杂交育种工作，共选育山葡萄新品种9个、山欧杂交种新品种14个（李晓艳等，2014；张庆田等，2014；黎盛臣等，1983；王利军等，2014；范培格等，2015）。杂交最多已进行到F_4代，在继承了山葡萄高抗寒性的基础上，酿酒品质得到极大提升（表1-1）。

表1-1　我国选育的山葡萄品种及山欧杂种葡萄品种

品种名	品种类型	花型	选育单位	选育时间
左山一	山葡萄（实生选种）	雌能花	中国农业科学院特产研究所	1985年
左山二	山葡萄（实生选种）	雌能花	中国农业科学院特产研究所	1992年
双庆	山葡萄（实生选种）	两性花	中国农业科学院特产研究所、吉林省长白山葡萄酒厂	1975年
双优	山葡萄（F_1）	两性花	吉林农业大学、中国农业科学院特产研究所	1988年
双丰	山葡萄（F_1）	两性花	中国农业科学院特产研究所	1995年
双红	山葡萄（F_1）	两性花	中国农业科学院特产研究所	1998年
牡山1号	山葡萄（实生选种）	两性花	黑龙江省农业科学院牡丹江分院	2010年

（续）

品种名	品种类型	花型	选育单位	选育时间
北国蓝	山葡萄（F_1）	两性花	中国农业科学院特产研究所	2014年
北国红	山葡萄（F_1）	两性花	中国农业科学院特产研究所	2016年
左红一	山欧杂种（F_2）	两性花	中国农业科学院特产研究所	1998年
左优红	山欧杂种（F_2）	两性花	中国农业科学院特产研究所	2005年
北冰红	山欧杂种（F_3）	两性花	中国农业科学院特产研究所	2008年
雪兰红	山欧杂种（F_4）	两性花	中国农业科学院特产研究所	2012年
公酿1号	山欧杂种（F_1）	两性花	吉林省农业科学院果树研究所	1973年
公酿2号	山欧杂种（F_1）	两性花	吉林省农业科学院果树研究所	1973年
公主白	山欧杂种（F_2）	两性花	吉林省农业科学院果树研究所	1992年
熊岳白	山欧杂种（F_2）	两性花	辽宁省熊岳农业高等专科学校	1987年
北醇	山欧杂种（F_1）	两性花	中国科学院北京植物园	1965年
北玫	山欧杂种（F_1）	两性花	中国科学院北京植物园	2008年
北红	山欧杂种（F_1）	两性花	中国科学院北京植物园	2008年
北馨	山欧杂种（F_1）	两性花	中国科学院北京植物园	2013年
北玺	山欧杂种（F_1）	两性花	中国科学院北京植物园	2013年
华葡1号	山欧杂种（F_1）	雌能花	中国农业科学院果树研究所	2011年

我国科研工作者在山葡萄栽培技术研究领域也开展了大量的研究工作，针对山葡萄的栽培特性进行了轻简化栽培模式、病虫害综合防治、土肥水管理等规范化栽培技术的研究，并积极推广新品种、新技术。山葡萄在我国东北、内蒙古、西北等产区的栽培面积达1.5万hm^2，在调整农业种植结构，发展特色产业方面发挥了重要作用（段长青，2016）。

山葡萄的驯化利用，在野生果树资源栽培利用领域堪称典范。以提高抗寒、抗病及品质特性为主要目标，进一步加强国内外种质资源的收集保存工作，开展种质资源的精准评价，创制优良山葡萄种质资源，提高种质资源的利用效率，对我国乃至世界葡萄优质、抗逆育种都具有重要意义。

种质资源的收集、保存及评价是种质创新和品种选育的基础和前提。我国在葡萄种质资源研究领域取得了丰硕的成果，出版了《中国葡萄志》《中国植物志 第四十卷 第二分册》《葡萄种质资源描述规范和数据标准》《中国葡萄属野生资源》等多部著作，这些著作对山葡萄种质资源的研究和利用具有重要的指导作用。从20世纪50年代初开始山葡萄种质资源收集、评价及利用研究，我国山葡萄种质资源的研究利用工作已经走过漫长的70年，经过多家单位、几代人的不懈努力，在山葡萄种质资源收集、保存、评价、利用等方面均取得较大进展。笔者及相关科研人员在继承前人研究的基础上，在山葡萄种质资源保存方法、繁殖技术、病虫害防治、遗传多样性、抗逆性评价及种质创新领域均取得了较好的成绩，经过系统整理，编撰成书，希望对山葡萄种质资源工作能起到一定的借鉴作用，并能够对前人的文献有所补充。

图1-1至图1-6为山葡萄野生资源状况。

图1-1　山葡萄野生生境

图1-2　山葡萄木质藤蔓

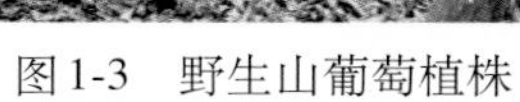
图1-3 野生山葡萄植株

图1-4 野生山葡萄秋叶

图1-5 野生山葡萄结果状

图1-6　野生山葡萄果穗

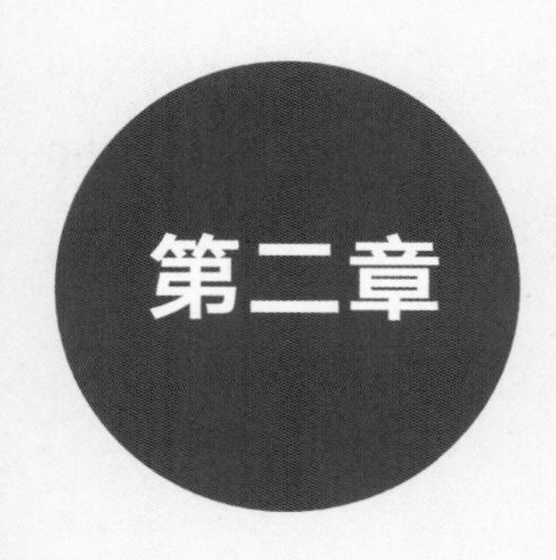

山葡萄的植物学特征

植物的根、茎、叶、花、果等器官的表型特征与其栽培特性、丰产稳产性及抗逆性等密切相关，是种质资源鉴定、评价的重要性状。山葡萄为大型落叶木质藤本植物，新梢依靠特化的卷须缠绕攀附于其他伴生植物扩大树冠，以满足其生长所需的光、温、水、气等条件，山葡萄还具有叶片大、夏芽早熟、圆锥花序、雌雄异株等特性，这些特性体现了山葡萄有异于其他物种的主要特征。山葡萄种下不同个体间各性状也存在丰富的遗传多样性，为山葡萄种质资源的收集、评价、种质创新及新品种选育等提供了丰富的可能。

一、根系

1. 根系的种类

（1）实生根系　通过种子播种长成的植株，其根系起源于胚根，有一条垂直主根，在其上分生各级侧根，称实生根系。山葡萄实生植株的根系与其他植物一样由主根和侧根组成，由于成龄植株侧根非常发达，所以主根不明显。

（2）茎源根系　用扦插、压条等方式培育出的植株，其根系起源于枝条各节位产生的不定根，没有垂直主根，由埋入土壤中的枝条继续加粗生长形成根干，并在其上着生各级侧根，称为茎源根系。因为这类根系是由茎上产生的不定根形成的，所以也称不定根系或营养苗根系。

图2-1示山葡萄的根系。

图2-1　山葡萄的根系
1.实生根系　2.茎源根系

2.根系形态　根系具有固定植株，吸收水分与矿物营养，贮藏营养物质和合成多种氨基酸等功能。山葡萄的根系为棕褐色，主根不发达，每株有若干条骨干根，粗度3mm以上的根不着生须根（次生根或生长根），粗度2mm以下的疏导根上着生须根。

二、枝蔓

山葡萄的茎是由种子的胚芽（实生苗）或枝条上的芽（扦插苗、压条苗）发育形成的，具有细长的特点，故称枝蔓。葡萄属植物的成熟枝条节间表面呈现多种形态，主要包括光滑、罗纹（呈肋状）、条纹（有细槽）、棱角4种形态。山葡萄成熟枝条的表面形态非常一致，主要表现为条纹（图2-2）。

图2-2　山葡萄成熟枝条节间条纹

山葡萄成龄植株的枝蔓由主干、主蔓、侧蔓（结果母枝）、一年生蔓、新梢（结果枝、营养枝）等组成（图2-3）。从地面发出的树干称为主干，主蔓是主干的分枝，侧蔓是主蔓的分枝。结果母枝着生于主蔓或侧蔓上，为上一年成熟的一年生枝。从结果母枝上的芽眼所抽生的新梢，带有果穗的称为结果枝，不带果穗的称为营养枝。

图2-3　山葡萄茎的形态
1.主干　2.主蔓　3.结果母枝　4.结果枝

三、叶片

山葡萄的叶为单叶（图2-4），以互生的方式着生在新梢上，由叶片和叶柄组成。叶片形状不一，可归纳为心脏形、楔形 、五角形、近圆形和肾形等。山葡萄的叶片多数具3 ～ 5裂刻，一般为浅3裂。叶缘锯齿大小和形状在不同种质间各不相同，形状可分为双侧凹、双侧直、双侧凸和一侧凹一侧凸等。叶上表面一般较粗糙，有皱纹或呈泡状（图2-5），无毛或具稀疏的茸毛，叶背面叶脉上着生有刺毛（图2-6）。叶片一般为深绿色，秋叶为绿色到暗紫色。

图2-4　山葡萄的单叶

图2-5　山葡萄叶表面的泡状突起

图2-6　山葡萄叶背上的刺毛

四、芽

山葡萄的芽（图2-7）在新梢节部的叶腋中形成，可分为三类：夏芽、冬芽和隐芽。

1.夏芽　夏芽仅基部有一鳞片，是无鳞片保护的“裸芽”，不能越冬，当年形成，当年萌发，属早熟性芽。夏芽萌发抽生副梢，副梢上的叶腋又能形成夏芽和冬芽，其

图2-7　山葡萄冬芽及夏芽萌发
1.冬芽　2.夏芽萌发

中夏芽又萌发长成二次副梢。在吉林省的气候条件下，山葡萄可发生3～4次副梢。

2.冬芽　山葡萄的冬芽（图2-8、图2-9）由一个主芽和3～8个大小不等的副芽组成复芽，故冬芽俗称芽眼。冬芽形体比夏芽大，具有芽被，着生在芽垫上。其外被有两个大鳞片，鳞片内密生茸毛，幼嫩的芽眼就在茸毛覆盖保护之下越冬。山葡萄芽上的茸毛常比欧亚种品种及欧美杂交品种密。

主芽位于芽眼的中央，体积较大，比副芽发达。分化好的除具叶原基、卷须原基外，还可分化出花序原基。常称具花序者为花芽，否则为叶芽。

山葡萄在家植条件下，不但主芽绝大多数可分化为花芽，而且副芽一般也可形成花芽，且一般分化较好。副芽的结实力与主芽相比虽有一定差距，但仍可达到较高的产量。春季主芽与一部分副芽萌发，抹芽时一般留下主芽，抹去副芽。当主芽因某种原因没萌发或冬季修剪留芽量不足时，可适当选留部分由副芽萌发的新梢。

3.隐芽　隐芽又称休眠芽、潜伏芽，芽眼着生在芽垫上，未萌发的主芽、副芽，随枝蔓增粗潜伏在皮层下维持微弱的生长，一旦新梢上主芽和副芽受伤时，隐芽有可能快速发育长出隐芽梢，其形态特征与冬芽长成的新梢基本一致。但是从老蔓上长出的隐芽梢往往生长旺盛，节间长而粗，组织疏松，通常称为徒长枝；如果是从植株基部的隐芽萌发抽生的新梢，则生长势更强，称为萌蘖。山葡萄隐芽的寿命很长，可以是几年、十几年甚至上百年，所以山葡萄极耐修剪，恢复再生能力强，利于更新复壮。从隐芽萌发抽生的新梢，结构往往不充实，多为发育枝，除整形或更新利用之外，要及时去除。

图2-8　山葡萄冬芽（休眠期）

图2-9　山葡萄冬芽（萌芽期）
1.主芽　2.副芽

五、卷须、花序及花朵

1.卷须　卷须与花序为同源器官，是茎的变态（图2-10）。在实生苗中，卷须出现在新梢第6～10节上，在山葡萄成龄植株中通常在第二节或第三节开始出现卷须，出现卷须说明该植株在适宜条件下，其芽原始体存在着分化出花序的可能性。卷须在新梢上着生的部位与花序相同。美洲种葡萄的卷须是连续性的，每节都有卷须。其他种类都是自开始着生节位起，每两节着生卷须后要空一节，呈间隔排列。卷须有不分枝的简单型和2分枝、3分枝、4分枝、5分枝的复合型。欧亚种葡萄的卷须多为2分枝或3分枝型，山葡萄卷须多呈3分枝。卷须是山葡萄植株缠绕他物的攀援器官，在栽培条件下应当随时疏除，以防扰乱树形和浪费树体营养。

2. 花序　山葡萄的花序是圆锥花序，由花序梗、花序轴、花柄和花（蕾）组成（图2-11）。山葡萄的第一花序通常着生在结果枝的第1 ~ 3节，多为第二节，在叶的对面。在结果枝上可有1 ~ 5个花序，一般2 ~ 4个。因品种或类型不同，一个花序上可有150 ~ 1 500朵花蕾，雌能花的花序着生花蕾较少，一般为150 ~ 500朵，雄能花的花序花蕾较多，为300 ~ 1 500朵。

图2-10　山葡萄卷须形态及着生方式

图2-11　山葡萄的花序
1.花序梗　2.花序轴　3.侧轴　4.花蕾

3. 花朵　山葡萄的花有3种类型，即两性花（完全花）、雌能花和雄能花。山葡萄一般是雌雄异株，极少为两性花，在野生资源中我国仅于1963年在吉林省蛟河县天北公社发现“双庆”1份资源（原代号“长白11”）。山葡萄的花着生在细小的花柄上，花萼呈绿色，具5个萼片。花冠是5个花瓣顶端联合的帽状花冠，开花时，花冠基部呈5片裂开，由下向上卷起而脱落（图2-12）。

图2-12　山葡萄开花及花冠脱落

（1）雌能花　雄蕊发育不健全，花丝短而弯曲，或向下反卷，花粉粒无发芽沟，不能发芽和受精，自花授粉不能结果，只在授以两性花或雄能花花粉时才能结果。

（2）雄能花　雄蕊5枚与花瓣相对生，

由花丝和花药组成。花药2室，开花时花药开裂散出花粉。花粉有发芽沟，具发芽和受精能力。雄能花的雌蕊退化，没有花柱和柱头，不能结实。

（3）两性花　由花萼、花冠、雄蕊、雌蕊和花梗五部分组成。其雄、雌蕊发育正常，可自花授粉结实。雌蕊1个，子房上位，雄蕊5个。

研究表明，山葡萄的雄花可于开花前三周（大孢子母细胞分化期）通过CPPU（氯吡脲）等一定浓度的细胞分裂素处理发生性反转，使雄花的雌性器官正常发育，形成两性花，并通过授粉受精正常结实，可实现山葡萄雄株果实性状的鉴定评价（郭修武等，1995；艾军等，2002）。

图2-13至图2-15示山葡萄雄花性反转及性反转结果状。

图2-13　山葡萄雄花性反转

图2-14　山葡萄性反转雄株坐果

图2-15　山葡萄性反转雄株果实成熟

六、果实

1. 果穗

（1）山葡萄果穗的基本形态　山葡萄开花、授粉后，子房发育成浆果，花序变成果穗，由穗梗、穗轴、副穗和果粒等组成（图2-16）。果穗的形状可分为3种基本形，即圆锥形、圆柱形和分枝形，各基本形又有歧肩、副穗或分枝等形状。山葡萄穗形以圆锥形最多，圆柱形次之。穗形大小一般以纵径 × 横径表示，紧密度分为三级，即松、中、紧，山葡萄果穗的紧密度以中者为多。山葡萄的果穗形状和紧密度可作为区别不同种质的重要指标。

（2）果穗大小　果穗大小往往以穗重（g）来划分，山葡萄果穗重量种质间变异极大，变异幅度在17 ～ 121.7g之间，大多数种质单穗重量低于100g。

2. 浆果　山葡萄果粒由子房发育而成，属真果，主要由果梗、果蒂、果刷、果皮、果肉及种子等六部分组成。山葡萄浆果为球形，在野生资源中尚未发现白色果皮类型，均为蓝黑色，通过种间杂交获得的某些山欧杂交后代的浆果果皮为白色。

图2-16　山葡萄果穗
1.穗梗　2.穗轴　3.副穗　4.果粒

七、种子

山葡萄浆果内均有发育充分的种子，呈梨形（图2-17）。成熟种子呈黄褐色至暗褐色，幼嫩种子呈黄白色。从外观上看，有背、腹面之分。向果心一面为腹面，上有种缝线和核凹，其相对面为背面，中部有合点。种子基部凸起之处为喙。山葡萄不同种质喙的长度存在较大差异，可作为种质资源鉴定评价的重要指标。

山葡萄浆果一般具1 ～ 4粒种子，但不同种质浆果种子数不同，最少的只有1粒，最多的可达6粒。山葡萄种子较小，千粒重一般在20 ～ 40g，平均为28.76g。

图2-17　山葡萄种子形态
1.核沟　2.种缝线　3.合点　4.核凹　5.喙

第三章 山葡萄种质资源的遗传多样性

山葡萄为多年生木质藤本植物，分布范围广，遗传多样性丰富，开展山葡萄种质资源收集、评价工作，挖掘优良种质资源，是山葡萄新品种选育的前提和基础。本章内容以刘崇怀等（2006）编著的《葡萄种质资源描述规范和数据标准》为依据，结合山葡萄物种资源的特殊性，对山葡萄种质资源的若干典型性状的遗传多样性进行系统描述，力求反应其种内变异的多样性，为山葡萄种质资源的鉴定评价提供范例。

一、枝蔓及芽的遗传多样性

1. 初萌幼芽着色程度　山葡萄萌芽期，随机调查充分照光的10个绒球期芽体花青素着色程度（图3-1）。按目测法进行判断，根据最大相似原则，确定芽体着色程度。

1 无或极浅

2 条块状着色

3 全部着色

1

2

3

图3-1　初萌幼芽着色程度

2. 嫩梢梢尖形态　主要指嫩梢梢尖幼叶与幼茎的抱合程度（图3-2）。于花序显露期（10 ~ 15cm时）调查。山葡萄梢尖多为全开张形态。

图3-2　山葡萄嫩梢梢尖形态

3. 嫩梢梢尖茸毛着色程度　主要指山葡萄嫩梢梢尖茸毛上桃红色的着色程度（图3-3）。花序显露期（嫩梢长10 ～ 15cm 时），随机调查10个嫩梢。观察包括展开的第二片幼叶在内的顶端梢尖。可分为5种类型。

1 无或极浅

2 浅

3 中

4 深

5 极深

1　2　3　4　5

图3-3　嫩梢梢尖绒毛着色程度

4. 新梢颜色　山葡萄新梢颜色存在较大变异（图3-4），随机调查10个新梢中部的10个节间，按目测法判断节间着色类型。可分为3种类型。

1 绿

2 绿带红条纹

3 红

图3-4　新梢颜色

5. 成熟枝条表面颜色　山葡萄成熟枝条的表面颜色（图3-5）呈连续性变异，具体调查方法为：落叶后随机调查10根枝条，使用比色板，或目测枝条中部节间表面颜色。可分为3种类型。

1 灰褐色

2 黄褐色

3 暗褐色

图3-5　成熟枝条颜色

二、叶的遗传多样性

1. 幼叶表面颜色　山葡萄不同种质资源的幼叶表面颜色呈现较丰富变异（图3-6）。花前调查，观察梢尖第四个展开的叶片。使用比色板，目测观察时与参照种质做对比。随机调查10个嫩梢，按最大相似性原则，分为5种类型。

1 浅黄绿色

2 黄绿色

3 绿色带有红棕色

4 红棕色

5 酒红色

图3-6 幼叶表面颜色

2. 幼叶下表面叶脉间匍匐茸毛　山葡萄不同种质资源的幼叶下表面叶脉间匍匐茸毛密度呈连续性变异（图3-7），花前调查，观察梢尖第四个展开叶片，用手持放大镜观察幼叶下表面叶脉间匍匐茸毛的密度。随机调查10个新梢，分为5种类型。

1 无或极疏

2 疏

3 中

4 密

5 极密

图3-7 幼叶下表面叶脉间匍匐茸毛

3. 成龄叶叶形　叶型为植物学上的单叶或复叶，单叶指每个叶柄上着生1个叶，复叶指每个叶柄上着生多个叶。山葡萄的叶型为单叶（图3-8）。

4. 成龄叶形状　山葡萄不同种质资源叶片的形状存在较大变异。于幼果期至浆果成熟始期调查，观察新梢中部第6 ～ 8枚成龄叶片，随机调查10个新梢，叶片形状主要包括5种类型（图3-9）。

1 心脏形（叶完整无裂片，叶尖锐尖，中下部最宽，整体呈心脏形）

2 楔形（叶缘部分突出，叶最宽处接近叶基部，整体呈楔形）

3 五角形（叶所有裂片锐尖或尖，形成3～5个明显的裂片，整体呈五角形）

4 近圆形（叶缘部分突出，叶中部最宽，且长度和宽度基本相等，整体呈圆形）

5 肾形（叶缘无明显突出，叶顶部较平，叶尖较不明显，叶宽明显大于叶长，整体呈肾形）

图3-8 山葡萄单叶

图3-9 山葡萄成龄叶形状

5. 成龄叶下表面主脉花青素着色 山葡萄种质资源成龄叶下表面主脉花青素着色程度存在较大变异（图3-10），可以用成龄叶下表面第一主脉着色程度来表示。于幼果至浆果成熟始期，随机调查10个新梢中部的成龄叶，目测叶片下表面主脉花青素着色程度。按最大相似性原则，分为4种类型。

1 无或极浅（叶片下表面第一主脉不着色）

3 浅（叶片下表面第一主脉基部着色）

5 中（叶片下表面第一主脉基部第一节着色）

7 深（叶片下表面第一主脉基部第1～2节着色）

图3-10 成龄叶下表面主脉花青素着色程度

6. 成龄叶裂片数 幼果期至浆果成熟始期，随机调查10个新梢，观察新梢中部成龄叶的裂片数量（图3-11），采用目测法，按最大相似性原则，包括3种类型。

1 全缘

2 3裂

3 5裂

图3-11 成龄叶裂片数

7. 成龄叶上裂刻深度 幼果期至浆果成熟始期，随机调查10个新梢，观察新梢中部成龄叶上裂刻的深度（图3-12），采用目测法，按最大相似性原则，包括4种类型。

1 极浅（将侧裂片向主脉基点方向折叠，裂片尖端达不到裂片基部至主脉基点距离一半）

2 浅（将侧裂片向主脉基点方向折叠，裂片尖端超过裂片基部至主脉基点距离一半）

3 中（将侧裂片向主脉基点方向折叠，裂片尖端达到主脉基点）

4 深（将侧裂片向主脉基点方向折叠，裂片尖端超过裂刻基部至主脉基点的距离，但不足2倍）

图3-12 成龄叶上裂刻深度

8. 成龄叶上裂刻基部形状 幼果期至浆果成熟始期，随机调查10个新梢，观察新梢中部成龄叶上裂刻的形状（图3-13），采用目测法，按最大相似性原则，包括2种类型。

1 U形

2 V形

图3-13 成龄叶上裂刻基部形状

9. 成龄叶叶柄洼开叠类型 幼果期至浆果成熟始期，随机调查10个新梢，观察新梢中部成龄叶叶柄洼开叠程度（图3-14），采用目测法，按最大相似性原则，包括6种类型。

1 极开张

2 开张

3 半开张

4 轻度开张

5 闭合

6 轻度重叠

图3-14 成龄叶叶柄洼开叠类型

10. 成龄叶叶柄洼基部形状 幼果期至浆果成熟始期，随机调查10个新梢，观察新梢中部成龄叶叶柄洼基部形状（图3-15），采用目测法，按最大相似性原则，包括2种类型。

1 U形

2 V形

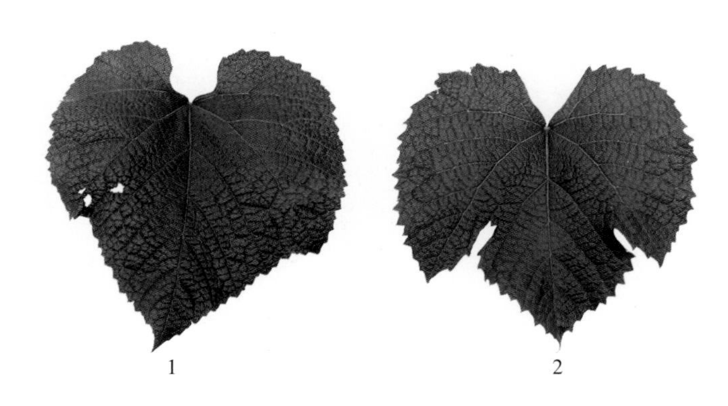

图3-15　成龄叶叶柄洼基部形状

11. 成龄叶叶脉限制叶柄洼　幼果期至浆果成熟始期，随机调查10个新梢，观察新梢中部成龄叶叶柄洼被下侧主脉限制情况（图3-16），采用目测法，按最大相似性原则，包括2种类型。

0 不限制（叶柄洼处，下侧叶脉没有形成叶缘）

1 限制（叶柄洼处，下侧叶脉形成部分叶缘）

图3-16　成龄叶叶脉限制叶柄洼状态

12. 成龄叶锯齿形状　成龄叶主裂片的锯齿两侧形状（图3-17）。幼果期至浆果成熟始期，随机调查10个新梢，观察新梢中部成龄叶锯齿两侧形状。采用目测法，按最大相似性原则，包括5种类型。

1 双侧凹

2 双侧直

3 双侧凸

4 一侧凹一侧凸

5 两侧直与两侧凸皆有

13. 秋叶颜色　接近落叶时调查，随机调查10个新梢中部的叶片，使用比色板或目测法判断叶片色泽种类，按最大相似性原则，包括6种类型。秋叶的颜色（图3-18）。

1 绿
2 黄
3 浅红
4 红
5 暗红
6 红紫

图3-17　成龄叶锯齿形状

图3-18　秋叶颜色

三、花的遗传多样性

1. 花序着色类型　于花序分离期前调查，随机调查10个代表性花序，采用目测法判断花序花蕾的着红色程度，按最大相似性原则，分为3种类型。图3-19示花序着色程度。

1 绿（花序的花蕾不着色）

2 部分着色（花序前端部分花蕾红色）

3 近全部着色（花序大部分花蕾红色）

1　　2　　3

图3-19　花序着色程度

2. 花器类型　葡萄栽培品种多为两性花，野生类型多为单性花（雄花或雌花），也存在少数的过渡类型。开花始期至落花末期调查，随机观察10个花序，目测或用手持放大镜观察。图3-20示花器类型。

1 雄花（在花朵中仅有雄蕊而无雌蕊或雌蕊发育不完全，不能结实）

2 两性花（具有正常的雌、雄蕊，花药明显高于柱头，花粉有发育能力，能自交结实）

3 雌能花（除有发育正常的雌蕊外，虽然也有雄蕊，但花丝向下（左）或较平（右），花粉无发芽能力，表现为雄性不育）

3. 柱头颜色　开花始期至落花末期调查，随机观察10个花序，目测或用手持放大镜观察，调查雌蕊柱头的颜色（图3-21），包括2种类型。

1 绿白色

2 粉红色

4. 花丝形态　开花始期至落花末期调查，随机观察10个花序，目测或用手持放大镜观察两性花或雄花花丝形态（图3-22），包括2种类型。

1 花丝伸直

2 花丝弯曲

图3-20　花器类型

图3-21　柱头颜色

1

2

图3-22　花丝形态

四、果实的遗传多样性

1. 果穗基本形状　浆果成熟期，随机调查10个典型果穗主体部分的自然形状，分为3种类型。图3-23示果穗基本形状。

1 圆柱形

2 圆锥形

3 分枝形

1　　2　　3

图3-23　果穗基本形状

2. 果穗歧肩　浆果成熟期，随机调查10个典型果穗上的歧肩数量（图3-24），分为3种类型。

1 无歧肩

2 单歧肩（分为圆柱形单歧肩和圆锥形单歧肩）

3 双歧肩（分为圆柱形双歧肩和圆锥形双歧肩）

图3-24　果穗歧肩

图3-25　果穗副穗

3. **果穗副穗**　副穗是由较细弱穗轴与主穗轴相连的小果穗。浆果成熟期，随机调查10个典型果穗，目测果穗上副穗的有无。图3-25示果穗副穗状况。

0 无

1 有

4. **果穗松紧度**　果粒在果穗上着生间距的表示。在山葡萄果实成熟期，取植株中部典型果穗，一般为10穗以上，观察果穗果粒间的着生状况。将果穗放到一平面上后，观察果穗松紧度，分为3种类型。图3-26示果穗松紧度分类。

1 松（果粒间不接触）

2 中（果粒间互相接触）

3 紧（果粒间接触，微变形）

图3-26　果穗松紧度

5. 果粒形状　浆果成熟期，采集的10个果穗为观测对象，目测果粒形状。山葡萄果粒形状多为圆形（图3-27）。

图3-27　果粒形状

6. 果皮颜色　浆果成熟期，采集10个果穗为观测对象。摘取果粒，抹去果粉，目测果粒的果皮色泽（图3-28）。

1 黄绿—绿黄（成熟果粒不着色）

2 粉红（成熟果粒着浅色）

3 红（成熟果粒为玫瑰红色或鲜艳的红色）

4 紫红—红紫（成熟果粒为暗红色）

5 蓝黑（成熟果粒颜色极深）

图3-28　果皮颜色

7. 种子喙　喙为种子基部突起的部分（图3-29）。浆果成熟期，采摘充分成熟的果实，破碎，取出种子洗净、阴干，观察种子喙的长短。

1 短

2 中

3 长

8. 种子颜色　浆果成熟期，采摘充分成熟的果实，破碎，取出种子洗净、阴干，观察种子颜色（图3-30）。

1 黄褐色

2 棕褐色

3 黑褐色

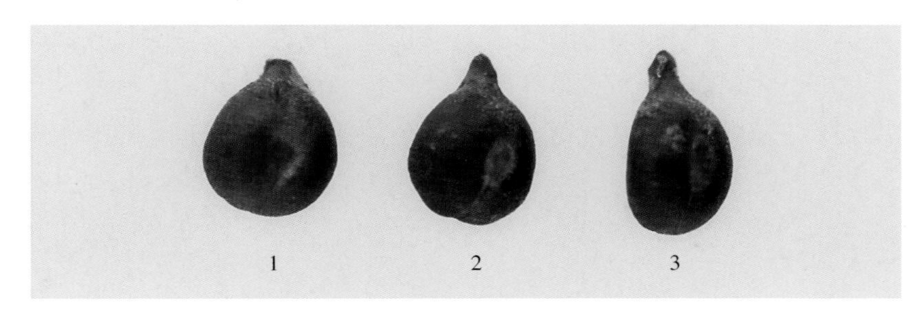

图3-29　种子喙长度

图3-30　种子颜色

五、抗逆性的遗传多样性

1.抗寒性鉴定　TTC染色图像可视化评估配合Logistic方程可用来鉴定山葡萄休眠期枝条的抗寒性（赵滢，2018）。方法如下。

冬季从田间采集长势和粗度相对一致（约0.8cm粗）且健康成熟的1年生休眠枝条，带回实验室，剪成20cm长的小段，装于自封袋中，置于－15℃冰箱中贮藏。随后使用高低温交变试验箱对枝条进行低温处理，处理温度分别为－20℃、－25℃、－30℃、－35℃、－40℃、－45℃和－50℃，处理温度按4.0℃ /h的速度降温，至设定温度后保持12h，再按4.0℃ /h的速度升至20℃后，取出静置4h。剥去表皮，去除芽眼，然后从各处理枝条上剪取0.5cm长的小段，每份试材取10段，放入10mL 0.5% 2，3，5-氯化三苯基四氮唑（TTC）染液中，于30℃恒温培养箱中避光染色4 d后取出，并用锋利的手术刀片将枝段纵切，蒸馏水冲洗3次，滤纸吸干水分，放入连有WinRHIZO™图像分析软件的LA2400扫描仪中对枝段纵切面进行扫描；利用图像分析软件计算纵切面染色面积并确定TTC染色等级。

TTC染色等级分级标准如下：

0级　　纵切面5%以下的面积呈红色

1级　　纵切面5%～40%的面积呈红色

2级　　纵切面40%～70%的面积呈红色

3级　　纵切面70%～90%的面积呈红色

4级　　纵切面90%以上的面积呈红色

图3-31中列出了山葡萄枝段纵切面TTC染色面积的变化范围，图中按照染色等级分0～4级。

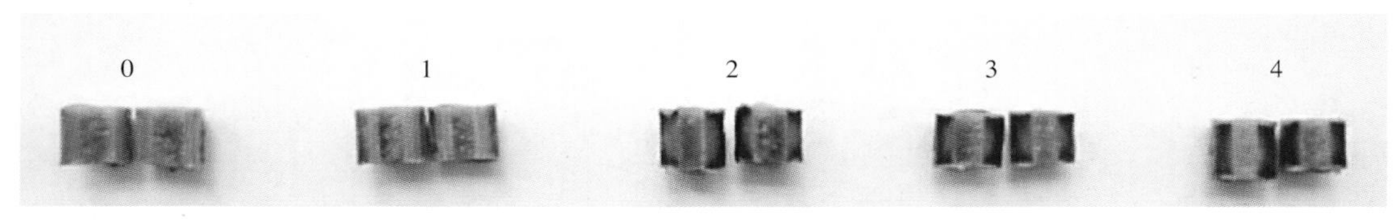

图3-31　TTC染色等级分级标准（山葡萄）

根据TTC染色等级计算TTC染色指数，计算公式如下：

$$\text{TTC染色指数}=\frac{\Sigma（\text{各级枝段数}\times\text{染色等级数}）}{\text{调查总枝段数}\times 4}$$

经不同低温处理后TTC染色指数与冷冻温度的关系呈典型的S形曲线（图3-32），因此利用非线性回归分析结合Logistic方程拟合温度拐点，可确定低温半致死温度（LT_{50}）。LT_{50}值可用来反映植物的抗寒性。

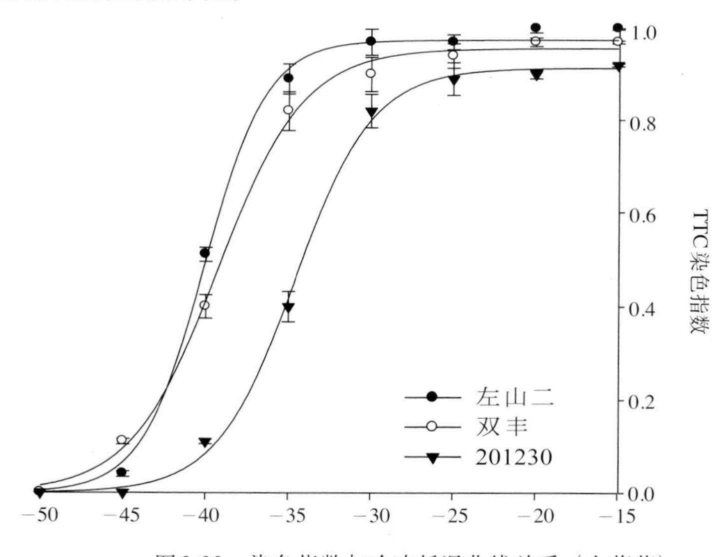

图3-32　染色指数与冷冻低温曲线关系（山葡萄）

根据LT_{50}值可将山葡萄抗寒性分为5个区，即：

耐寒1区　LT_{50} ＜－40℃

耐寒2区　－40℃≤ LT_{50} ＜－35℃

耐寒3区　－35℃≤ LT_{50} ＜－30℃

耐寒4区　$-30℃ \leqslant LT_{50} < -25℃$

耐寒5区　$LT_{50} \geqslant -25℃$

2.霜霉病抗性鉴定　霜霉病是世界性的古老病害，由霜霉病菌引起。霜霉病菌是一种活体寄生菌，它能够侵染葡萄所有的幼嫩组织，尤其是叶片，侵染后会产生明显的症状，对其病害的鉴定评价可采用室内离体叶圆盘接种法进行（李晓红等，1999；Blasi P et al.，2011）。

在葡萄新梢长到10片叶时，从新梢顶端的第四个或第五个完全展开的叶片上取20个叶圆盘（直径2.5cm）。叶圆盘背面向上放在装有滤纸和5mL无菌水的培养皿内，用小型手持喷雾器将准备好的霜霉菌悬浮液反复均匀地喷于叶圆盘上，每个培养皿均喷洒2.5mL的菌液（菌液浓度为2×10^5个/mL）。利用封口膜将培养皿密封，培养在21℃，光周期为18h光处理6h暗处理条件下[100%相对湿度，光照强度50μmol/（$m^2 \cdot s$）]。接种6天后，调查记录每个叶圆盘的发病级数。

霜霉病抗性分级为：

0级　　叶片上无病斑

1级　　叶片病斑面积占叶片总面积的5%以下

2级　　叶片病斑面积占叶片总面积的5.1%～25.0%

3级　　叶片病斑面积占叶片总面积的25.1%～50.0%

4级　　叶片病斑面积占叶片总面积的50.1%～75.0%

5级　　叶片病斑面积占叶片总面积的75.1%以上

图3-33中列出了葡萄霜霉病抗性表型变化的范围，图中0～5分别代表霜霉病的0～5级的发病级数。

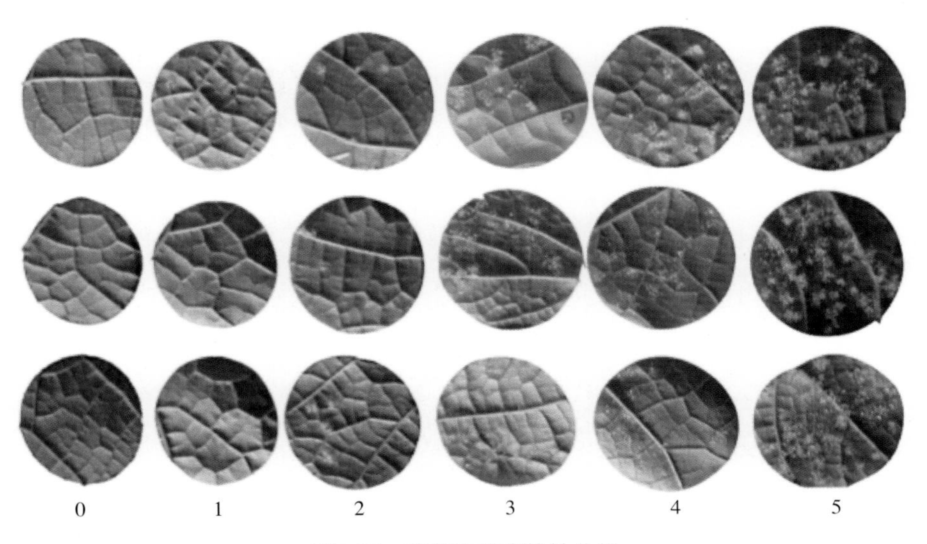

图3-33　葡萄霜霉病抗性分级

根据叶片发病级数统计结果计算霜霉病病情指数，计算公式如下：

$$病情指数=\frac{\sum（各级病叶数\times病级数）}{调查总叶数\times5}\times100$$

按国际植物种质委员会（IBPGR）的分类标准，对霜霉病抗性反应型分为5个级别，即：

1 免疫（I）：病情指数为0

2 高抗（HR）：病情指数为0.1 ~ 5.0

3 抗病（R）：病情指数为5.1 ~ 25

4 感病（S）：病情指数为25.1 ~ 50

5 高感（HS）：病情指数为50.1以上

第四章 山葡萄种质资源的保存方式

我国遗传资源工作的方针为“广泛收集、妥善保存、深入研究、积极创新、充分利用”（刘旭等，1998），其中种质资源的妥善保存是衔接种质资源广泛收集与研究、创新、利用的重要环节，是种质资源评价及高效利用的基础。依保存的环境不同，植物种质资源保存可分为原生境保护和非原生境保护（保存）。原生境保护（in situ conservation）是指在原生存环境中保护物种的群体及其所处的生态系统。非原生境保护（ex situ conservation）是把生物体从原生存环境转移到具有不同条件的设施中保存，包括低温种质库、种质圃、试管苗库、超低温库等途径进行的种质资源保存。

山葡萄具有分布范围广、种质资源遗传多样性丰富等特点，在广泛收集山葡萄种质资源的基础上，完善山葡萄保存技术环节，加强种质资源保护工作，是进一步深入研究山葡萄种质资源和开展种质创新、品种选育的重要保障。目前，山葡萄种质资源保存主要有原生境保护、种质资源圃保存及种质资源离体库保存3种方式。

一、山葡萄种质资源的原生境保存

山葡萄种质资源的原生境保存可分为利用自然保护区及建立原生境保护点两种方式。在我国山葡萄分布区域内设立了众多的不同级次的以自然生态系统及生物多样性为保护目标的自然保护区，这些保护区的设立在客观上保护了山葡萄种质资源的生态环境并使物种的种群免受破坏，对山葡萄野生资源自然生长、遗传多样性保持具有重要作用，如吉林省的长白山自然保护区、河北的老岭（祖山）自然保护区。在山葡萄的集中分布区建立野生山葡萄原生境保护点可以更有针对性地开展其野生资源保护。

图4-1示山葡萄种质资源原生境保存。

图4-1　山葡萄种质资源原生境保存

二、山葡萄种质资源的资源圃保存

种质资源的种质资源圃保存指通过建立田间设施，以植株的方式保存无性繁殖及多年生作物种质资源的方式，是山葡萄种质资源的主要保存方式。山葡萄种质资源的资源圃保存可采用直立篱架，自由扇形或双主蔓直立树形的栽培模式，株行距2.5m×1.0m，每份资源保存6株，在确保资源保存安全性和资源评价科学性的基础上，尽量节约资源保存的占地面积。

图4-2、图4-3示国家山葡萄种质资源圃及种质保存情况。

图4-2　国家山葡萄种质资源圃

图4-3　种质资源圃保存

三、山葡萄种质资源的离体库保存

离体种质材料一般有两种保存方式，分别为试管苗库保存（图4-4）和超低温库保存（图4-5）。试管苗库通常由培养室（保存室）、操作室、预备室等组成，使试管苗在低温下缓慢生长达到离体保存的目的，温度一般控制在20℃以下。超低温库保存的主要设施是液氮罐，指在液氮液相（－196℃）或液氮雾相（－150℃）中对生物器官、组织或细胞等种质材料进行长期保存。山葡萄种质资源可采用带芽的休眠期枝段进行超低温保存，分为脱水（图4-6）、预冷（图4-7）、超低温保存几个过程，当种质资源需要复活时可通过升温、复水、无性繁殖等程序获得再生植株（图4-8）。离体库保存可作为原生境保存及圃地保存的复份，以避免因自然灾害等不可抗因素给种质资源造成的毁灭性损失。

图4-4　试管苗库保存

图4-5　超低温库保存

图4-6　枝段超低温保存脱水

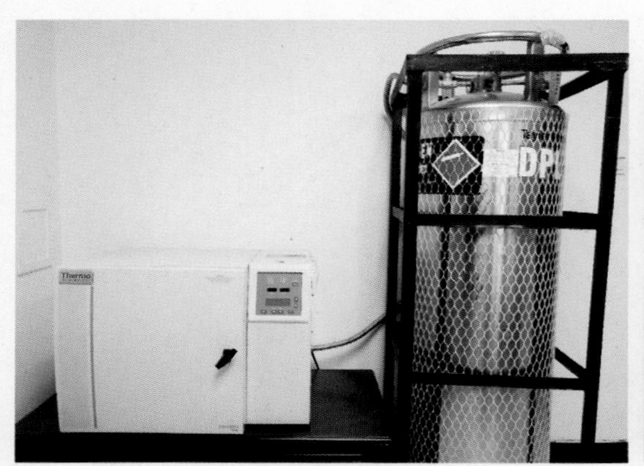

图4-7　枝段超低温保存预冷程序

图4-8　枝段超低温保存后恢复生长

第五章 山葡萄种质资源的繁殖更新方式

繁殖更新是山葡萄种质资源保护和利用工作的重要组成部分，科学、规范及高效的繁殖更新技术是保证山葡萄种质资源长期保存和遗传完整性的前提和基础。山葡萄种质资源的繁殖主要采用嫁接、扦插、压条和组织培养等无性繁殖方法（艾军，2017）。

一、扦插繁殖

扦插繁殖一般分为硬枝扦插和绿枝扦插两种。山葡萄主要采用硬枝扦插。常规的硬枝扦插主要是将插穗扦插于电加温或燃料加温的温床上，该方法需要消耗大量的能源，并且较难控制芽眼的萌发，常出现芽眼过早萌发与不定根竞争养分降低成活率的问题。山葡萄硬枝扦插的冰床倒催根技术是将插穗的基部和梢部倒置进行催根，梢部以冰床保持较低温度抑制芽眼萌发，基部通过地膜、小拱棚、大棚等多重采光和保温措施利用自然光升温并保温，促进发根。该技术使自然界的冷、热资源同时得到利用，达到了促进生根和抑制芽眼萌发的效果，对山葡萄种质资源的繁殖非常有效。

具体步骤如下：

在寒冷地区冰床可在未扣膜的大棚或温室内设置，呈箱形，大小视生产规模而定，底部低于地面50 ～ 70cm，四周衬以防漏塑料膜，在底部用砖搭设花洞，高20 ～ 40cm，上部铺设3 ～ 5cm厚的隔离水泥板，冬季将花洞内注满水冻结成冰，备倒催根使用。在冬季扣膜的大棚及温室内，可采用室外冻冰块，再移到棚内的方法设置冰床；温暖地区也可以采用冷库制冰块的方法来设置冰床。

插穗要求品种纯正、枝条充分成熟、芽眼饱满，可于封冻前成捆贮藏在贮藏沟（窖）内。在吉林地区一般于4月中下旬扦插，插穗长度15 ～ 20cm，上部剪口距芽眼1.5cm左右，下部剪成倾斜的马耳形，除上部芽眼外其他芽眼全部疏除。25个左右绑扎成1捆，捆绑时要稍松些（给愈伤组织的形成或生根留出一定的空间），下部墩齐，采用100mg/L ABT1号生根粉水溶液或150mg/L萘乙酸水溶液浸泡基部24h。

在水泥隔板上铺5cm左右厚度的细沙，将处理好的插穗基部朝上摆放在床上，插穗之间塞满细沙，摆放后，在插穗上部覆盖厚度5cm左右的细沙（图5-1），细沙湿度以手抓成团，松手即散为宜（含水量5%左右）。然后再用透明塑料膜覆盖，塑料膜外设小拱棚，给小拱棚扣棚膜。

保持细沙湿润，基部温度23 ~ 28℃，芽部温度10℃左右，3 ~ 4周当基部长出大量愈伤组织或幼根时即可上营养钵培养（图5-2）。在温室或大棚内培养20 ~ 30 d，待扦插苗长出3 ~ 5片功能叶（图5-3），根系充分生长后，移栽入苗圃地中进行圃地管理。

图5-1　山葡萄硬枝冰床倒催根插穗埋放状态

图5-2　倒催根枝条萌发不定根

图5-3　山葡萄硬枝冰床倒催根插穗成活

二、压条繁殖

压条繁殖在技术上简便易行，成活率高，但繁殖系数较低，适合于山葡萄种质资源的更新复壮。

压条在春季萌芽后新梢长20 ~ 30cm时进行（时间在6月上中旬），东北地区最晚不能晚于6月末，否则生长期结束时根系不成熟。压条时，选取冬剪时预留的预备蔓，清除植株周围杂草后沿预备蔓基部开始顺行向开沟，沟深10 ~ 15cm，沟宽10cm，施入适量的肥料混匀，把蔓上新梢要埋在土中部分的叶片卷须和果穗全部摘掉，然后将蔓顺入沟内，使新梢垂直向上，埋土、填平、踏实即可。生长期要进行2 ~ 3次松土、除草工作，还要立支柱、摘除副梢。随着新梢的加长生长，新梢基部及母蔓逐渐生出较多的不定根（图5-4），至秋季落叶后，把压下去的枝蔓挖出来，把每一新梢连同母蔓上的根系分割成为一株独立的压条苗。

图5-4 山葡萄压条繁殖产生不定根

三、嫁接繁殖

山葡萄种质资源的嫁接繁殖可采用贝达等抗寒力较强的砧木品种进行硬枝嫁接育苗。3月中下旬，将贮藏良好的接穗和砧木苗取出，用清水浸泡12h并清理干净。砧木的嫁接部位粗度为0.6 ~ 1.0cm，嫁接部位以下无潜伏芽，便于嫁接后管理。嫁接采用常规劈接方法，接穗与砧木保证至少在芽的一侧形成层对齐，上部适当留白，用宽度1cm左右的塑料条密闭缠紧，之后可用小塑料袋“戴帽”保湿，以提高成活率。嫁接完成后栽植于直径20cm左右的花盆中在温室内培养（图5-5），白天温度控制在25 ～ 30℃，夜间温度不低于10℃，保证基质水分适宜，待接穗萌发后去除“戴帽”的塑料袋进行正常管理（图5-6）。该方法苗木生长势强，生长量大（图5-7、图5-8），当年即可生长2m以上，秋季落叶后带土定植于资源圃内，可提高种质资源的更新复壮效率。

图5-5　嫁接苗盆栽

图5-6　成活后去除“戴帽”的塑料袋

图5-7　嫁接苗当年生长状况

图5-8　嫁接苗成苗状

四、组织培养

1. 接种材料的采集和接种　培养基为MS+6-BA 2.0mg / L+NAA0.01mg / L+琼脂5g / L+蔗糖30g / L。调整培养基pH为5.8 ～ 6.0，并进行20min 121.1℃高压灭菌处理。当新

梢生长至5 ～ 6cm时切取茎尖，剥去外层幼叶，用清水冲洗3 ～ 4次，用0.1%氯化汞消毒3min，再用无菌水冲洗4 ～ 5次后，剥取2mm长的茎尖，接种在分生培养基中，每瓶接种4个茎尖。

2. 茎尖培养与分生　培养室的温度为17 ～ 25℃，每天光照8 ～ 12h。当试管苗生长至1.5cm以上并具有3片幼叶时，切取后转入生根培养基中。培养基为1/2 MS（大量元素减半）+IBA 0.4mg / L+琼脂5g / L+蔗糖15g / L。转入10 d左右开始生根。

3. 试管苗移栽　生根试管苗生长达5cm左右时，可移栽至带有营养土的营养钵（腐殖土：河沙：农家肥为2 ： 1 ： 0.5），在塑料大棚或温室中生长50 ～ 55d，于6月上旬定植到苗圃，10月中旬起苗，根系比硬枝扦插苗发达，枝蔓成熟（10节以上），达到生产用苗标准。

采用组织培养育苗的方法（图5-9）繁殖系数高、周期短、不受气候条件的限制，可结合种质资源的实验室保存进行。

图5-9　组织培养育苗

第六章 山葡萄主要栽培模式

山葡萄为木质藤本植物，在自然条件下常攀附于其他树木向上生长，以获得生长空间及光照条件。人工栽培的山葡萄需通过设置人工支架来满足其生长的需要，并通过整形修剪使山葡萄枝蔓合理分布于架面上，充分利用空间和光照条件，使其保持旺盛生长和较强的结实能力，使果实达到应有的大小和品质，并满足节省劳动力成本和便于田间管理的目的。

一、山葡萄的主要栽培架式

1. 篱架　架面与地面垂直，形似篱笆故称篱架（图6-1），因其架直立，又称为立架。篱架又分为单臂篱架和双臂篱架。在山葡萄栽培中多采用单臂篱架。

单臂篱架（单立架）每行设1个架面，架高依行距而定。行距2m时，架高1.2 ~ 1.5m；行距2.5m时，架高1.5 ~ 1.8m；行距3m时，架高2m左右。架高超过1.8m的单篱架称为高单篱架。行内每间隔4 ~ 6m设一立柱，柱上每隔50 ~ 60cm拉一道横向铁丝。

图6-1　直立篱架

单臂篱架的特点是有利于通风透光，提高浆果品质，田间管理方便，又可密植，达到早期丰产的目的。该架式便于机械化耕作、喷药、摘心、采收及培土防寒，节省人力。但受植株极性生长影响，长势过旺，枝易密闭。

2. 棚篱架　棚篱架是篱架和棚架的结合架式（图6-2）。常采用东西行向建园，株距0.8 ～ 1.2m，行距2.5 ～ 4.0m，架面宽2.0 ～ 3.5m，在立架面拉4 ~ 5道铁丝，棚架面上拉3 ~ 4道铁丝。主要采用龙干形树形，常用的为单龙干和双龙干，山葡萄以双龙干为主。棚篱架的特点是兼有两种架面，既可充分利用空间结果，又解决了极性生长的矛盾，单位面积产量较高，一般比单臂篱架产量高50%左右，但管理较不方便，用工量较大。这种架式还可以埋土防寒，在需要埋土防寒的地区行距要设为4m以上。

图6-2　棚篱架

二、山葡萄的主要树形

1. 多主蔓自由扇形（图6-3）

（1）基本结构　该树形适于篱架栽培，植株不留主干，从地面附近分出2 ~ 3个主蔓，主蔓均匀分布在架面上，每个主蔓上配置结果母枝或枝组。每主蔓从基部30cm以上开始，每15 ～ 20cm选留一个结果母枝或结果枝组。株距1.0 ～ 1.5m，行距2.5 ～ 3.0m。

（2）整形方式

栽植当年：选留2 ~ 3个新梢促其生长，其他新梢全部抹除，8月中旬前后对新梢进行摘心。冬剪时，主蔓剪截到成熟节位，一般剪口粗度0.8cm以上。

栽植第二年：选留主蔓顶端强壮新梢作为延长梢，其余新梢根据空间合理配比枝蔓，培养枝组，注意边整形边结果。冬剪时，主蔓长度控制在最上层架线以下，其余枝蔓进行中、短梢修剪或疏除。

栽植第三年：生长季培养枝组，冬季修剪时进行中、短梢修剪或疏除。

多主蔓自由扇形树形主蔓密度较大，早期丰产好，但由于其顶端优势很强，对于长势旺的品种容易造成旺长，影响花芽分化。

图6-3　自由扇形

2. 倾斜水平龙干树形

（1）基本结构　倾斜水平龙干形（图6-4），又称“厂”字形，该树形适于篱架栽培。主蔓基部倾斜角度30°～45°，上扬到第一道铁线，沿同一方向形成一条多年生的臂，在水平臂上配置结果母枝或枝组，埋土防寒区主干基部具有垂直行向的“鸭脖弯”结构，便于下架防寒。干高70～100cm，单臂长度视株距而定。单臂上间隔15～20cm培养结果枝组，每个结果枝组上留1～2个结果母枝。株距0.8～1.5m，行距2.5～3.0m。

（2）整形方式

栽植当年：选留一个生长健壮的新梢，让其自由垂直沿架面向上生长，当高度超过180cm或到8月中旬截顶，冬季修剪时一年生枝保留180cm剪截或剪到成熟节位，剪口粗度0.8cm以上。

栽植第二年：萌芽前按同一方向将一年生枝按要求斜拉并水平绑缚在第一道铁线上，选留适量的新梢沿架面直立生长。埋土防寒区主干基部需培养成“鸭脖弯”结构，即主干具有垂直行向向前（与地面近平行）和沿行向（与垂线夹角为45°左右）两个倾斜度，利于冬季下架越冬防寒，防止主干折断。冬剪时若植株间有空余可将单臂顶端的一年生枝中长梢修剪，长度不超过相邻植株，其余新梢进行短梢修剪。

栽植第三年：春季萌芽后，选留一定量新梢垂直架面绑缚。冬剪时按预定枝组数量进行修剪，即单臂上形成4 ～ 5个结果枝组，每结果枝组选留1 ～ 2个结果母枝进行短梢修剪。

该树形的优点是适于埋土防寒；果实均着生在同一平面上，便于采收；光照好，下部主干部分通风较好，病害少；整形简单、易操作、省工。

图6-4 倾斜水平龙干树形

3. 单干双臂水平树形

（1）基本结构 单干双臂形（图6-5），又称T形，该树形适于篱架栽培。具有一个直立主干，主干上着生两个主蔓，延相反方向顺行向绑缚形成双臂，双臂上配置结果母枝或枝组。干高70 ～ 100cm，在双臂上每隔15 ～ 20cm培养1个结果枝组，每个结果枝组上留1 ～ 2个结果母枝。株距0.8 ～ 1.5m，行距2.5 ～ 3.0m。

（2）整形方式

栽植当年：培养一个直立粗壮的枝蔓，冬剪时留60 ～ 70cm，形成主干；或剪留至形成一个单臂的长度，剪口粗度0.8cm以上。

栽植第二年：生长季选留生长强壮、向两侧延伸的2个新梢作为臂枝，水平引缚，下部其余的枝蔓均除掉。剪留到形成一个单臂长度的，可将一个单臂水平绑缚在水平架线上，使其提早结果，在适宜位置选留生长强壮向另一侧延伸的新梢形成另一个臂枝。冬季修剪时，臂枝留8 ～ 10个芽剪截。

栽植第三年：春季萌芽后，选留一定量新梢垂直架面绑缚。冬剪时按预定枝组数量进行修剪，即单臂上形成4 ～ 5个结果枝组，每结果枝组选留1 ～ 2个结果母枝进行短梢修剪。以后各年均以水平臂上的母枝为单位进行修剪或更新修剪。

该树形的优点是果实均匀着生在同一平面上，便于采收；光照好，下部主干部分通风较好，病害少；整形简单，便于管理、节省劳力。缺点是主蔓或枝组损伤后回旋余地小。另外，不适于埋土防寒。

图6-5　单干双臂树形

4. 双龙干树形

（1）基本结构　双龙干树形（图6-6）适于棚篱架栽培，植株不留主干，从地面附近分出2个主蔓，各主蔓间等距离均匀分布，垂直行向绑缚，每个主蔓上配置结果母枝或枝组。每株留2个主蔓，主蔓与架线垂直，主蔓间距0.5 ～ 0.75m。主蔓基部具“鸭脖弯”结构；主蔓直立高度为150 ～ 180cm，向上沿垂直行向方向水平延伸，延长梢水平延伸长度为行距的2/3左右。为缓和树势，在主蔓转向棚架架面时，应有一定的倾斜角度，避免“拐死弯”。主蔓从基部50cm以上开始，每隔15 ～ 20cm培养1个结果枝组，每个结果枝组上留1 ～ 2个结果母枝。株距1.0 ～ 1.5m，行距2.5 ～ 4.0m。

（2）整形方式

栽植当年：萌芽后每株选留2个生长健壮的新梢做主蔓，将其引缚到架面上，当长至1.8m以上或8月初时摘心，顶端1个副梢留5 ～ 6片叶反复摘心，其余副梢留1叶绝后摘心。冬剪时，主蔓剪截到成熟节位，一般剪口粗度0.8cm以上。

栽植第二年：对于需埋土防寒品种，春季萌芽前将主蔓基部绑缚形成“鸭脖弯”结构，并与架线垂直绑缚上架。萌芽后，每条主蔓选一个健壮新梢做延长梢继续培养为主蔓，与行向垂直方向水平延伸，当其爬满架后或8月初时摘心，控制其延伸生长，对于长势强旺的品种可利用夏芽副梢培养为结果母枝，加快成形，一般留6叶摘心；其余新梢水平绑缚结果，花前1周在结果枝最前的花序上保留2 ～ 3片叶摘心，顶端留一个副梢延长生长，此副梢留2 ～ 3片叶反复摘心，其余副梢留1片叶绝后摘心。冬剪时，主蔓延长枝剪截到成熟节位，一般剪口粗度0.8cm以上；对于利用副梢培养结果母枝的品种，主蔓上的副梢留1饱满芽剪截；主蔓上50cm以下结果母枝全部疏除，50cm以上结果母枝按15 ～ 20cm间距剪留，结果母枝根据品种成花特性进行短截，多余疏除。

栽植第三年：春季萌芽前，将主蔓上架绑缚；萌芽后，每一结果母枝上保留1 ～ 2个新梢水平绑缚，多余新梢抹除，使新梢间距保持在15 ～ 20cm为宜，夏剪方法同第二年。如主蔓未达到所需长度，仍继续选健壮新梢做延长梢，当其达到所需长度后摘心，控制其延伸生长，副梢处理同上。冬剪时，50cm以上结果枝组按15 ～ 20cm间距剪留，每个结果枝组上留1 ～ 2个结果母枝。以后各年主要进行枝组的培养和更新。

该树形的优点是架面空间利用充分，产量高，但由于在直立架面和水平架面都结果，管理较为不便，且较费工。

图6-6　双龙干树形

第七章 山葡萄主要病虫害及防治

病虫害是影响山葡萄种质资源安全保存及遗传特性稳定表达的主要因素，加强相关病虫害发生规律的研究，科学防治山葡萄病虫害，对于山葡萄种质资源的安全保存及高效利用具有重要意义。山葡萄的病害主要包括霜霉病、灰霉病、卷叶病毒病等侵染性病害及硼素缺乏、霜害、药害等非侵染性病害；虫害主要包括二星叶蝉、虎天牛、卷叶象甲、绿盲蝽、葡萄肖叶甲、东方盔蚧等（艾军，2017；赵奎华，2006）。

一、主要侵染性病害

1. 霜霉病　葡萄霜霉病在全国主要葡萄产区均有分布，尤其在多雨潮湿地区发生普遍，是山葡萄主要病害之一。葡萄霜霉病的发生可造成叶片焦枯早落，新梢生长不良，果实产量降低、品质变劣，植株抗寒性差，是山葡萄种质资源圃地保存中必须重点防治的病害。

（1）症状　主要危害叶片（图7-1、图7-2），也能侵染其他幼嫩组织，如幼花序、果柄、幼果、新梢、叶柄及卷须等（图7-3、图7-4）。叶片受害时，初期产生半透明、边缘不清晰的油渍状病斑，后逐渐扩展为黄色、黄褐色至红褐色边缘界限不明显的大斑，单

图7-1　山葡萄霜霉病叶面感病状

图7-2　山葡萄霜霉病叶背感病状

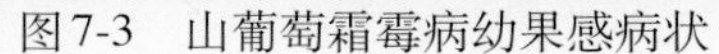

图7-3　山葡萄霜霉病幼果感病状

图7-4　山葡萄霜霉病植株感病状

个较大的病斑因受叶脉的限制而呈多角形。潮湿时，叶背面产生一层纤细、浓密的灰白色霉状物，这是病原菌的絮状菌丝、孢囊梗和孢子囊。白色霉状物到后期随叶片组织的坏死而变为褐色，若病斑枯死，霉状物也停止蔓延。嫩梢、卷须、穗轴发病时，开始为油渍状半透明斑点，逐渐变为稍凹陷的黄色至褐色病斑。潮湿时，表面产生白色霉状物，较叶上稀少。受害枝梢生长停滞，并逐渐扭曲，甚至枯死。花及幼果染病后呈深褐色，并生出白色霉状物，不久即干缩脱落。

（2）病原　病原菌为鞭毛菌亚门单轴霉属的葡萄单轴霜霉[*Plasmopar Viticoia*（Berk. et Curtis）Berl. et de Toni]，是一种专性寄生真菌。

（3）发生规律　病菌主要以卵孢子在落叶中越冬，越冬后当温度达到11℃以上时，卵孢子萌发，在水滴和水膜中产生孢子囊，孢子囊释放游动孢子，游动孢子通过雨水飞溅传播到山葡萄上，成为春天最初传染源，孢子由气孔侵入寄主组织，发病初期叶片背面出现淡黄色小斑，逐渐扩大形成大小不一的病斑，微透明，病斑处出现白色的霜状霉层。温湿度适宜后又产生孢子囊，进行再侵染。只要环境条件适宜，病菌在植株生长期内不断产生孢子囊，发生多次再侵染。病菌的孢子囊通常在夜间形成，侵染通常发生在早上，从开始侵染到表现出症状，一般需要4d左右。持续降雨是造成病害流行的主要因素，一般夏季多雨、多露，山葡萄园地势低洼、土壤黏重，雨后排水困难，架面通风不良，均有利于病害发生。植株的幼嫩叶片易染病，老叶染病轻，山葡萄不同种质资源染病程度也有明显差异。研究表明，山葡萄的霜霉病抗性与叶表气孔密度存在极显著相关性，气孔密度越大霜霉病抗性越弱（艾军等，1995）。

（4）防治方法

①搞好果园清洁。及时收集并烧毁病残体以减少菌源，秋季清扫和深翻也可减少一部分越冬菌源。山葡萄萌芽前喷5波美度石硫合剂，把病原菌基数压到最低限度。

②加强栽培管理。植株进入旺盛生长期后，应及时绑蔓、摘心、合理修剪，保持架面通风透光良好，及时中耕除草，排除园内积水，降低地表湿度。适当增施磷、钾肥和

有机肥，提高植株的抗病能力。

③化学防治。对此病害以预防为主，在发病前喷施保护剂180 ～ 200倍等量或半量式波尔多液，7 ～ 10d喷1次，喷药时应向叶背喷药，均匀喷施。实践证明，只要在病前高质量地喷施波尔多液，当年霜霉病的发生就较轻。发病时可喷施高效低毒的霜霉病防治药剂。农药应交替使用，以免病菌产生抗药性，同时可延长药剂的使用年限，提高对病害的防治效果。喷药后如遇雨，在雨后要及时补喷。

2. 葡萄根癌病　葡萄根癌病也叫冠瘿病或根头癌肿病，是世界上普遍发生的一种细菌病害。我国主要葡萄栽培地区均有分布，在北方冬季寒冷地区发病严重。得病后植株生长逐渐衰弱，产量下降，经济寿命变短，重者枝枯和死树（图7-5、图7-6）。根癌病是山葡萄种质资源圃地保存中造成植株死亡的主要病害，必须加以重视。

（1）症状　一般在主蔓根颈部位或二年以上枝蔓上发生，嫁接苗在接口处也易发病。发病初期在病部形成似愈合组织状的瘤状物，内部组织松软，随着瘤子的不断增大，表面粗糙不平，并由绿色逐渐变成褐色，内部组织变白色，并逐渐木质化。病瘤多为大小不一的球形，小的只有几毫米，大的可达十几厘米，形状不规则，存在大瘤上又长小瘤的现象，病株生长衰弱，严重时干枯死亡。

（2）病原　根癌病由细菌引起，为薄壁菌门、根瘤菌科的根癌土壤杆菌[*Agrobacterium tumefaciens*（E.F.Smith& Townsend）Conn]。

（3）发生规律　病原细菌主要在土壤中或病株及瘿瘤组织内越冬，随雨水和灌溉水传播，从植株伤口侵入，在皮层组织中寄生并繁殖，诱导伤口周围的薄壁细胞不断分裂，使组织增生，形成癌瘤，具有潜伏侵染的特性。自5月上旬开始，至7月上旬，癌瘤迅速膨大，7月下旬至8月上旬癌瘤逐渐干缩，部分脱落，污染土壤，成为再侵染的污染源。

（4）防治方法

①选栽无病苗木，在苗木繁殖前，最好通过生物学检测方法确定是无病菌的材料，

图7-5　山葡萄根癌病枝干感病状

图7-6　山葡萄根癌病造成植株衰弱

严格杜绝从病区调运苗木及繁殖材料。定植前要进行苗木消毒，可用硫酸铜100倍液浸泡5min，再放入50倍液的石灰水中浸泡1min，或用3%次氯酸钠溶液浸泡3min。

②资源圃要选择在不积水、有良好排灌设施的地块。在田间管理中，要尽量避免发生机械伤口和病虫伤口。加强肥水管理，增强树势，提高树体抗菌能力。

③对癌瘤进行刮治。刮除有病组织，并在伤口处涂石硫合剂渣液（母液过滤后的残渣）。用10%抗菌剂402的40倍液在刮除病瘤后涂抹伤口，防效较高，植株生长良好，无药害出现。

3. 灰霉病　葡萄灰霉病在全国大部分葡萄栽培地区都有发生。尤其在雨量大、气温低的地区发生较多。有些感病品种如遇大雨或持续高湿，花穗会严重受害，病穗率可达70%以上。在山葡萄主产区一些栽培品种因灰霉病抗性弱甚至被淘汰。

（1）症状　主要危害葡萄的花序、幼果和成熟的果实（图7-7），也可危害新梢、叶片、穗轴和果梗等。花序受害时，出现似热水烫过的水渍状、淡褐色病斑，很快变为暗褐色、软腐，天气干燥时，受害花序萎蔫干枯，极易脱落；空气潮湿时，受害花序及幼果上长出灰色霉层，即病菌的菌丝和子实体。穗轴和果梗被害，初形成褐色小斑块，后变为黑褐色病斑，逐渐环绕一周，引起果穗枯萎脱落。叶片染病，多从边缘和受伤部位开始，湿度大时，病斑扩展迅速，很快形成轮纹状、不规则大斑，其上生有灰色霉状物，病组织干枯，易破裂。果实得病后，初产生褐色凹陷斑，以后果实腐烂。果穗受害，多在果实近成熟期，果梗、穗轴可同时被侵染，最后引起果穗腐烂，上面布满灰色霉层，并可形成黑色菌核。

图7-7　山葡萄灰霉病果穗感病状

（2）病原　无性世代为半知菌亚门的灰葡萄孢菌（*Botrytis cinerea* Pers.），有性世代为子囊菌亚门富氏葡萄孢盘菌[*Botryotinia fuckeliana*.（de Barry）Whetzel]。

（3）发生规律　病菌以菌丝体、菌核和分生孢子随病残体越冬。越冬后的菌丝体或菌核，当遇到春季适宜的温度条件后，便可形成分生孢子。分生孢子借风雨传播，对开花前的幼花序和叶片引起初次侵染。初次侵染发病后，又在受害部位形成大量的分生孢子，若条件适宜，可不断进行再侵染。病菌的菌丝可直接穿透染病植株器官的表皮，但以伤口更易被病菌侵染。害虫、白粉菌、冰雹、暴风雨、鸟类和农事操作等所造成的损伤，都有利于病菌侵入，导致大量发病。若山葡萄开花期和坐果期多雨、潮湿，在这种较为冷凉的气候条件下易发病；园内排水不良，氮肥施用过多，枝梢徒长，架面郁闭，通风透光条件不好时易发病。不同的山葡萄种质资源的染病程度有一定差异，葡萄着色后，果穗紧、果皮薄的品种，因果实膨大相互挤压破裂极易导致病害发生。

（4）防治方法

①结合冬剪剪除病残体，清扫地面上的枯枝落叶集中烧毁。生长期发现染病组织应及时摘除、深埋，以减少再侵染来源。

②加强栽培管理，生长期及时进行夏季修剪，降低架面空气湿度。及时中耕除草，排除园内积水，保持地面清洁干燥。适当增施磷、钾肥，防止枝梢徒长。

③开花前20d和前5d左右针对葡萄灰霉病喷施两次适宜杀菌剂预防病害发生，果实成熟期如发生灰霉病危害要及时清理感病果穗。

4.葡萄卷叶病毒病　葡萄卷叶病在全世界葡萄栽培地区均有分布。此病对葡萄一般引起慢性危害（图7-8至图7-11），其轻重程度差异较大。罹病株树势衰弱，发育不良，重者萎缩不长。一般减产10%～70%，果实成熟期推迟1～2周，含糖量降低20%以上。病株抗逆性差。此病不仅严重威胁山葡萄种质资源的安全保存，也影响种质资源评价的可靠性和科学利用。

（1）症状　葡萄卷叶病的症状主要表现在叶片和果实上，其中最典型症状是叶片反卷和变色。叶片症状由于葡萄品种不同而有差异。红色葡萄品种，发病初期于叶脉间出现很小的红色斑点，以后红色斑点不断扩大，逐渐联合成片，呈现红叶状，后期叶片上

图7-8　葡萄卷叶病毒病危害幼叶状

图7-9　葡萄卷叶病毒病危害成龄叶片状

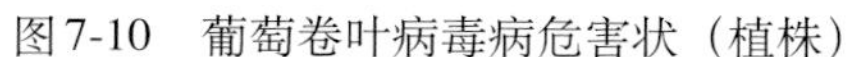

图7-10 葡萄卷叶病毒病危害状（植株）

图7-11 受葡萄卷叶病毒病危害的果实

除第一和第二次叶脉仍保持绿色外，其余部分均变为红色；非红色品种的葡萄得病后，叶片表现为黄化褪绿，轻重不一。两类变色症状的叶片均反卷、变厚、变脆。从症状在植株上的分布看，一般先从枝蔓基部的叶片开始，以后依次向枝梢方向发展，到秋天，几乎波及全株的大部分叶片，严重时叶片坏死。果实上的症状主要是果穗变小，果粒发育不整齐，成熟晚，着色不良，糖度下降。病株枝蔓和根系发育不良，嫁接成活率低，插条生根能力差。病株抗逆能力减弱，易遭受不良环境及病菌的侵害。由于葡萄卷叶病毒具有半潜隐性特点，所以有时带毒株并不表现明显症状。

（2）病原　山葡萄卷叶病毒（*Grapevine leaf roll virus*，GLRV），属于山葡萄卷叶相关黄化病毒组（GLRaV）的成员。卷叶病可能是由复杂的病毒群体侵染所致。

（3）发生规律　主要通过带病毒的繁殖材料传播，借无性繁殖传染。由于该病具有半潜隐性，病株不易被察觉，因而广为传播。

（4）病毒病的防治　该病主要以苗木、砧木、接穗和插条等繁殖材料为传播途径，所以最根本的防治方法是苗木的无毒化栽培。

①培育无病毒植株。主要有3种方法，即热疗处理、生长点组织培养、热处理与生长点组织培养相结合。通过上述脱毒方法所获得的苗木，经过鉴定，确认无病毒后可作为无毒苗木入圃保存。随着山葡萄种质资源保存条件的不断完善，建立高标准无病毒种质资源圃具有重要意义。

②实行严格的检疫制度。在山葡萄种质资源收集与引进过程中严格执行检疫制度，对于有病毒种质进行严格脱毒，应特别注意无毒苗木入圃以及使用无毒砧木、接穗和插条等繁殖材料。

③清除病株，减少毒源。在园内一旦发现有明显发病症状的单株，应绝对禁止从这些植株上剪取接穗和插条，同时应及时拔除病株，补栽健康苗木。

④土壤消毒。在卷叶病发生严重的地区，由于土壤中可能存在传播病毒的媒介线虫，所以再更新时，需要对土壤进行消毒处理。

二、主要虫害

1. 葡萄二星叶蝉　葡萄二星叶蝉（*Erythroneura apicalis* Nawa）（图7-12）又称葡萄二星斑叶蝉、葡萄斑叶蝉、葡萄二点小浮尘子、葡萄叶浮尘子、葡萄小叶蝉等。属同翅目叶蝉科。除危害葡萄外，也危害梨、苹果、桃、山楂。主要以若虫、成虫聚集在葡萄叶的背面吸食汁液，造成较大的失绿斑点（图7-13）。严重时叶片苍白或焦枯，影响产量与质量。

图7-12　山葡萄二星叶蝉

图7-13　山葡萄二星叶蝉危害状

（1）形态特征　体长2 ～ 2.5mm，连同前翅3 ～ 4mm。淡黄白色，复眼黑色，头顶有两个黑色圆斑。前胸背板前缘有3个圆形小黑点。小盾板两侧各有1个三角形黑斑。翅上或有淡褐色斑纹。卵黄白色，长椭圆形，稍弯曲，长0.2mm。若虫初孵化时白色，后变黄白或红褐色，体长0.2mm。

（2）生活习性　因不同山葡萄产区气候条件不同，一年可发生2 ～ 3代。在国家果树种质左家山葡萄圃一年可发生两个完整的世代，以第二代成虫在葡萄园附近的石缝、杂草、落叶中越冬，第二年葡萄展叶后直接危害叶片。葡萄二星叶蝉的出蛰期是在每年的5月中旬，6月上中旬为出蛰高峰期，此时是出蛰成虫较集中的时期，之后出蛰成虫数急剧减少；6月上旬即可以在叶片的叶脉间或茸毛中发现散产的卵，6月下旬至7月中下旬为产卵高峰期，8月上旬至8月下旬为产卵的第二个高峰期；若虫的发生从6月上旬到落叶前都可以见到，7月上旬至7月下旬，8月中下旬至9月上旬是两个发生高峰；第一代成虫从7月上旬开始出现，到7月下旬进入高峰期，第二代成虫从8月下旬开始出现，9月上旬出现高峰，另外，两个世代间还存在着世代交叠现象；第二代成虫仍有部分可以产卵，但孵化出的若虫不能发育为成虫。此虫喜荫蔽，受惊扰则蹦飞。地势潮湿、杂草丛生、副梢管理不好，通风透光不良的果园，发生多、受害重。

（3）防治方法

①秋冬季清扫葡萄枯枝落叶及杂草，集中烧毁，以减少越冬虫源。

②生长季节注意及时抹芽，摘副梢，整枝打杈，铲除杂草，改善通风透光条件。

③于6月上中旬第一代若虫发生期开始及时喷药防治。

2. 虎天牛　葡萄虎天牛（*Xylotrechus pyrrhoderus* Bates）别名葡萄枝天牛、葡萄天牛、葡萄虎斑天牛。寄主范围较窄，主要危害葡萄（图7-14、图7-15）。虎天牛是山葡萄的主要害虫之一。

（1）形态特征　成虫为小型天牛，体长12mm左右，体黑色，前胸红褐色，略呈球形，密布微细刻点，着生黑色短毛。翅鞘黑色，两翅鞘合并时，基部显X形黄色斑纹，近末端初有一黄色横纹。卵椭圆形，乳白色，长约1mm。幼虫全身呈淡黄白色，头小无足，胸部2～9节腹面，具有椭圆形的隆起。蛹黄白色，约10mm，复眼淡红色。

（2）生活习性　一年1代，以小幼虫在被害枝蔓内越冬。翌年5～6月间开始活动危害，老熟幼虫于7月间在枝蔓折断处化蛹，8月间羽化为成虫。产卵于芽鳞缝隙内，卵散产，经过5d幼虫孵化，即由芽部蛀入木质部内危害并过冬。幼虫蛀屑及粪便充满虫道而不排出，因而从外部不易发现，但落叶后，被害部位的附近表皮变黑色，可识别。

（3）防治方法

①清除虫源。结合秋冬季修剪，在晚秋葡萄落叶后或早春上架时仔细检查枝蔓有无变黑之处，发现后剪除变黑枝蔓。必须保留的大枝蔓，可用铁丝刺杀或塞入敌敌畏棉药球毒杀。结果枝不萌芽或萌芽后不久即萎蔫的，可能为虫害枝蔓，亦可按上述方法处理。

②药剂防治。在害虫发生严重的葡萄园内，于孵化期喷洒相应杀虫剂，喷洒次数可根据害虫

图7-14　虎天牛危害状

图7-15　虎天牛危害枝条

发生程度确定。

3. 绿盲蝽　绿盲蝽（*Lygus lucorum* Meyer–Dur），属半翅目盲蝽科。分布广泛。食性较杂，寄主较多，除危害山葡萄外，还可危害苹果、桃、梨等果树和许多木本及草本绿化植物。在山葡萄上，主要是以若虫（图7-16）及成虫（图7-17）危害嫩叶、叶芽和花蕾。叶片被害后，出现不规则黑色斑和孔洞，严重时叶片扭曲皱缩、畸形，花蕾被害后，在受害处渗出黑褐色汁液，脱落；叶芽嫩尖受害后，则呈焦黑，不展叶。

图7-16　绿盲蝽若虫

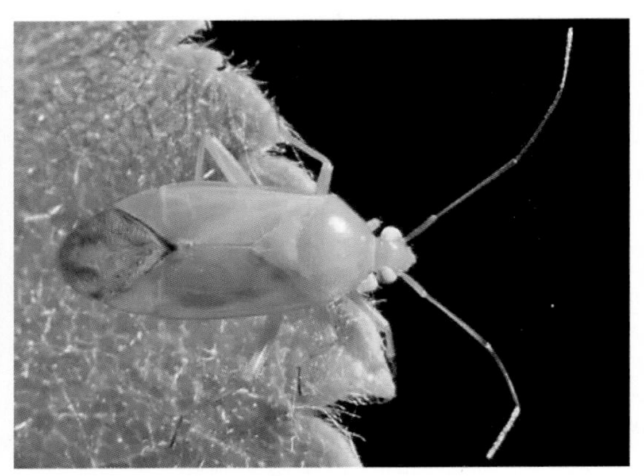

图7-17　绿盲蝽成虫

（1）形态特征　成虫体长约5mm，黄绿色至绿色，较扁平，雌虫稍大。复眼红褐色，触角淡褐色。前胸淡黄绿色，背板多细微黑色点刻。前翅绿色，膜质部淡褐色。足橘黄色，腿节较粗。足各节生小刺及细毛。卵长约1mm，黄绿色，长口袋形，卵盖奶黄色，中央凹陷，两端突起，无附属物。初孵若虫体短且粗，似成虫，绿色，复眼桃红色，触角淡黄色，体表多黑色细毛，翅芽尖端蓝色，长达腹部第四节。

（2）生活习性　一年发生3～5代，主要以卵在树皮内、芽眼间、枯枝断面及杂草或浅层土壤中越冬。4～5月越冬卵开始孵化，越冬卵孵化期较为整齐，5月上旬，葡萄萌芽后即开始为害，5月中旬展叶盛期为危害盛期，6月中下旬幼果期开始危害果粒，7月上旬后气温渐高，虫口渐少。9月中下旬产卵越冬。

成虫飞翔能力强，若虫活泼，白天潜伏，稍受惊动，迅速爬迁，白天不易被发现。主要于清晨和傍晚在芽、嫩叶及幼果上刺吸危害。这就是只看到破叶、见不到虫子的原因。成虫寿命较长，30～40d，羽化后6～7d开始产卵，产卵期可持续20～30d，且产卵一般具有趋嫩性，多产于幼叶、嫩叶、花蕾和幼果等组织内，但越冬卵大多产于枯枝、干草等处。

图7-18、图7-19所示绿盲蝽危害山葡萄果实、叶片状。

（3）防治方法

①清理越冬场所。在葡萄越冬前（北方埋土防寒前），清除枝蔓上的老粗皮、剪除

有卵剪口、枯枝等集中销毁。葡萄生长期间及时清除果园内杂草，及时进行夏剪和摘心，消灭其中潜伏的若虫和卵。

②果园悬挂频振式杀虫灯，利用绿盲蝽成虫的趋光性进行诱杀。

③绿盲蝽具有昼伏夜出习性，成虫白天多潜伏于树下、沟旁杂草内，多在夜晚和凌晨为害。所以，喷药防治要在傍晚或清晨进行以达到较好的防治效果。

④早春葡萄萌芽前，全树喷施一遍3波美度的石硫合剂，消灭越冬卵及初孵化幼虫。越冬卵孵化后，抓住越冬代低龄若虫期，适时进行药剂防治。连喷2～3次，间隔7～10 d。喷药一定要细致、周到，对树干、地上杂草及行间作物全面喷药，做到树上、树下，喷严、喷全，以达到较好的防治效果。绿盲蝽的自然天敌种类多，在进行化学防治时，要以保护天敌为前提，尽量选用对天敌毒性小的新烟碱类杀虫剂。

图7-18　绿盲蝽危害叶片状

图7-19　绿盲蝽危害果实状

4.葡萄卷叶象甲　葡萄卷叶象甲（*Aspidobyctiscus lacunipennis* Jekel）（图7-20），别名葡萄金象甲。属鞘翅目卷象科。对山葡萄栽培植株有一定危害（图7-21）。

（1）形态特征　成虫体长3～6mm，体褐色至黑色，复眼黑褐色，圆形，微凸出，喙略向下弯，触角棒状，着生于喙中部稍偏后方，前胸背板有光泽，前窄后宽，表面有浅刻点，背中央具1个浅纵沟。卵为浅褐色、圆形，长0.3～0.5mm。幼虫头棕褐色，体乳白色，微弯曲，长3～6mm。蛹为裸蛹，略呈椭圆形。

（2）生活习性　成虫在杂草中或地下10～20cm的土层中越冬。萌芽时成虫出现，不善飞行，有假死性，轻振动即落下。喜食嫩叶，特别是在产卵前，将叶柄或嫩叶咬伤，待叶枯萎，雌虫开始卷叶片（图7-22），每卷一层叶产卵2～4粒（图7-23），直至将叶片层层卷起成筒状为止。卵在筒中6～7d孵化，幼虫在卷叶中食害，叶片逐渐干枯再从树上落下。老熟幼虫从卷叶中爬出，潜入土中化蛹，8月上旬羽化为成虫，然后再潜入杂草、土窝等处越冬。

（3）防治方法

①成虫出现时，利用其假死性，振落捕杀。

②人工摘除卷叶，并拣落地的卷叶，集中烧毁。

③成虫危害期，喷施化学药剂防治。

图7-20　葡萄卷叶象甲

图7-21　葡萄卷叶象甲危害状

图7-22　葡萄卷叶象甲卷叶危害状

图7-23　葡萄卷叶象甲在卷叶中产卵

5. 葡萄肖叶甲　葡萄肖叶甲（*Bromiu chevrolat*）（图7-24）属鞘翅目肖叶甲科葡萄肖叶甲属，是危害山葡萄的主要害虫。葡萄肖叶甲主要以成虫危害山葡萄。成虫多群集在叶背面取食寄主叶片，被其取食过的叶片有许多长条形孔斑（图7-25），危害严重时可使叶片萎黄干枯。在1d中，成虫主要在日落后到清晨时间段爬到植株叶片上取食，在阳光强烈时潜伏在植株根部附近的土壤中。

（1）形态特征　体长为4.5 ~ 6.0mm，宽2.6 ~ 3.5mm。体短粗，椭圆形，身体一般完全黑色，具色型变异；体背密被白色平卧毛。触角1 ~ 4节棕黄或棕红，有时第一节大部分黑褐色。头部刻点粗密，在头顶处密集呈皱纹状，中央有1条明显的纵沟纹；唇基两

图7-24　葡萄肖叶甲

图7-25　葡萄肖叶甲危害状

侧常各具1条向前斜伸的边框，端部较宽于基部，前缘弧形，表面布有大而深的刻点。触角丝状，近于体长之半；第一节膨大，椭圆形，第二节稍粗于第三节，二者约等长，短于第四和第五节，1 ~ 4节较光亮，末端5节稍粗，色暗。前胸柱形，宽稍大于长，两侧圆形，无侧边，背板后缘中部向后凸出；盘区密布大而深的刻点，呈皱纹状，被较密的白色卧毛。小盾片略呈长方形，刻点细密，被白毛。鞘翅基部明显宽于前胸，基部不明显隆起；盘区刻点细密，较前胸刻点浅，不规则排列，被较长的白色卧毛。前胸前侧片前缘稍凸。前胸腹板方形，横宽；中胸腹板宽短，方形，后缘平切。足粗壮，腿节无齿。

（2）生活习性　据初步观察，葡萄肖叶甲在吉林省一年发生1代，以成虫和不同龄幼虫在葡萄根附近土中越冬。越冬成虫4月中旬出蛰，5月中旬山葡萄新梢长出4 ~ 6片叶时陆续出土危害。5月末雌虫开始陆续在根际附近土壤或老树皮中产卵，7月中旬至8月中旬产完卵的雌虫先后死去。以幼虫越冬者6月末开始见成虫，此成虫经取食补充营养后开始产卵。待越冬的成虫取食后9月中下旬陆续入土。成虫有假死习性，受惊后即假死落地。成虫不是很活泼，但有1m左右短距离的迅速迁飞能力。成虫出土或羽化后取食1 ~ 2周，补充营养，便开始产卵。产卵可延续2个月左右。一般每年每头成虫产卵15 ~ 20次，产卵量总计可达200 ~ 400粒，平均每次产卵19粒。

（3）防治方法

①利用成虫的假死习性，在成虫发生期将成虫振落杀死。

②地面采用园艺地布覆盖，使之无法正常越冬。

③在成虫盛发期使用适宜化学药剂进行化学防治，可以连续用药2次，间隔7 ~ 10d使用1次。

6. 东方盔蚧　东方盔蚧（*Parthenolecanium corni* Bouche）（图7-26、图7-27）又名扁平球坚蚧、水木坚蚧，属同翅目蚧科。寄主范围较广，可危害山葡萄、梨、苹果、山楂、桃、李、杏等果树及林木等百余种植物。东方盔蚧是果树的重要害虫。以若虫和成虫为害山葡萄枝蔓、叶柄、果穗轴和果粒等。危害期间，以虫体附着在树体表面刺吸山葡萄汁液。并经常排泄无色黏液，既阻碍叶的生理作用，也招致蝇类吸食和霉菌寄生。严重发生时，可使枝条枯死，果粒干瘪，树势衰弱。东方盔蚧是危害山葡萄较严重的虫害之一。

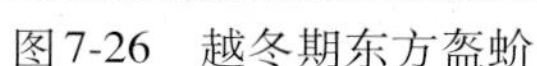
图7-26　越冬期东方盔蚧

图7-27　生长季东方盔蚧

（1）形态特征　雌成虫形状为球形，介壳长4 ～ 5mm，初期呈黄褐色，质软，后期呈红褐色或紫褐色，逐渐硬化，表面有小凹点。雄成虫头部和足部都是赤褐色，腹部为淡黄褐色。体长1.5mm，翅展2.5mm，翅透明，尾部有针状交尾器，还有1对尾毛。卵橙黄色，椭圆形。若虫椭圆形，扁平，淡褐色，背面有龟甲纹。足和触角都发达，尾端有长毛。

（2）生活习性　一年1代，若虫在枝蔓上越冬，翌年四月末开始危害，成群固着在枝蔓上，以口器刺入表皮吸取养分，并分泌蜜状排泄物，5月上旬至中旬危害最盛，消耗树体养分很多，影响植株生长和结果，严重时，可造成树势衰弱，甚至枝蔓枯死。5月下旬雌成虫产卵于介壳内，每个介壳下有卵1 400 ～ 1 500粒，6月若虫孵化，分散在枝叶和叶背面吸食营养危害。

（3）防治方法

①在山葡萄初萌芽时喷5波美度石硫合剂消灭越冬若虫，6月下旬若虫自母壳爬出时为防治的关键期，喷1次0.5波美度石硫合剂或其他适宜化学药剂消灭害虫。

②加强管理，增施优质有机肥，增强树势，提高抗病虫能力；结合冬剪，搞好清理工作，收集地面落叶枯枝，剪除病虫危害的枝条，集中烧毁、深埋，通过彻底清除病残体，最大限度降低虫源密度。

7. 铜绿丽金龟　铜绿丽金龟（*Anomala corpulenta* Motschulsky）（图7-28）俗名铜克郎。属鞘翅目丽金龟科。铜绿丽金龟以成虫取食山葡萄等果树、林木及作物的叶片、嫩梢和花序，幼虫可危害各种植物的地下根、根颈。成虫啃食葡萄叶片和花序时，使之残缺不全、百孔千疮，严重时只残留较粗叶脉和叶柄。幼虫可啃食山葡萄近地面的幼根。

在山葡萄资源圃中有一定危害，影响植株的正常生长发育。

（1）形态特征

成虫：体长20.0mm、宽9.0mm左右；体铜绿色，有金属光泽，头和前胸色深，鞘翅及其他部位色浅，呈褐色或黄褐色，足的胫、跗节及爪为棕色。前胸背板两前角前伸，呈斜直角状，背板最宽处于两后角之间。鞘翅各具4条纵肋。前足胫节具2外齿。前、中足大爪分叉。

图7-28 铜绿丽金龟

卵：近球形，乳白色，光滑。幼虫：老熟幼虫体长30.0 ~ 33.0mm，头宽4.9 ~ 5.3mm。体白色，较肥胖，常呈C形弯曲。头小，黄褐色，胸足发达，体背多皱褶。

蛹：体长18.0 ~ 22.0mm、宽9.6 ~ 11.0mm。腹部背面有6对发音器。

（2）生活习性 铜绿丽金龟在长江以北地区两年发生1代，以幼虫在土中越冬。在辽宁，6月下旬至7月中旬是成虫危害期，5—6月和8—10月是幼虫危害期。成虫白天潜伏在土表层或杂草丛中，夜晚出动取食。成虫有较强的趋光性和趋化性。幼虫于清晨和黄昏由深土层爬至土表，取食近地面的幼根及根颈。

（3）防治

①减少虫源。在葡萄的秋末防寒和春季出土时，及时捡除越冬幼虫，集中销毁。清除园内杂草，捕捉潜伏成虫，减少繁殖场所。

②诱杀成虫。利用其趋光性，可在葡萄园内布设杀虫灯诱杀成虫。

③化学防治。成虫发生期喷布化学药剂防治。

三、非侵染性病害及伤害

1. 硼素缺乏症 硼能促进山葡萄植株体内糖的运输，促进植株对其他阳离子如钾、钙和镁的吸收，可以加强花粉的形成和花粉管的伸长。山葡萄开花期缺硼常引起受精不良而大量落花。缺硼还会造成葡萄子房脱落、果实变小、顶芽和花蕾死亡、形成缩果病和芽枯病。硼在葡萄植株体内不能贮存，也不能由老组织转入新生组织中去。硼素缺乏症是山葡萄种质资源圃地保存过程中最常见的缺素症，对植株生长及开花坐果有较大影响（图7-29至图7-32）。

（1）症状 山葡萄生长早期缺硼，幼叶上出现水渍状淡黄色斑点，随着叶片生长而逐渐明显，叶缘及叶脉间缺绿，新叶皱缩呈畸形。新梢发病时常从新梢尖端枯死，形成枯梢，在枝梢快速生长期间，缺硼会使节间于一处或几处略膨大，髓部坏死。花期受害时花冠一般不脱落，呈茶褐色筒状，有时也会引起严重落花。缺硼植株结实不良，即使结实，也常常是圆核或无核小粒，果梗细，果穗弯曲，称为“虾形果”。在果实膨大期缺硼可引起果肉组织褐变坏死。在葡萄硬核期缺硼易引起果粒维管束和果皮褐枯，成为“石葡萄”。

（2）发生规律　山葡萄缺硼症状一般在开花前7 ~ 15d发生，严重时在7月中下旬即行落叶。在强酸性土壤中（pH3.5 ~ 4.5）容易发生缺硼症状。早春遇干旱，由于山葡萄根系吸收硼素受阻，往往引起缺硼。降雨充沛的地区，尤其是河滩沙砾地山葡萄园，由于土壤中硼素易被淋溶流失而常引起缺硼。石灰质较多时，土壤中硼易被钙固定。钾、氮过多时也能造成缺硼症。

（3）防治

①加强栽培管理。合理施肥，宜增施腐熟的农家肥。干旱年份应注意适时灌水，避免山葡萄根区干旱。

②叶片喷施硼肥。于开花前，用500倍的硼砂或硼酸溶液喷布叶面，或于开花后10 ~ 15 d，叶面喷洒400倍的硼酸液1 ~ 2次。

图7-29　叶片缺硼状

图7-30　花序缺硼状

图7-31　幼果缺硼状

图7-32　植株缺硼状

③根施硼肥。结合施基肥，每株大树施硼砂10g左右，施后立即灌水。

2. 晚霜危害　霜害是北方山葡萄产区普遍发生的自然伤害之一，尤其是山葡萄萌芽期较早，更容易着受晚霜危害（图7-33、图7-34），影响花序发育，造成开花坐果不良及树势衰弱。

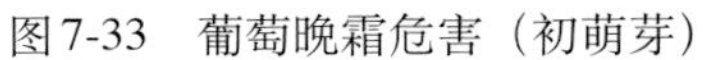

图7-33　葡萄晚霜危害（初萌芽）

图7-34　葡萄晚霜危害（新梢）

（1）发生原因　在早春山葡萄芽萌发后，若夜间气温急剧降低，当气温降至0℃以下时，水汽凝结成霜常常会使已萌发的幼嫩枝、叶、花序冻伤、冻死。同时植株的抗性强弱、树势强弱、栽培技术是否得当，均会对晚霜冻害的产生及发生程度有直接影响。而且树势强弱与霜冻发生关系密切，当植株树势衰弱时，抗寒性降低，如负载量过大、病虫害发生较重、秋季早期落叶等，均会影响养分积累，易发生霜冻；另一方面，若植株生长过于旺盛，秋季生长过量，养分积累不足，同时枝蔓不能适时休眠，抗寒锻炼不足，抗寒性也会较差。晚霜对山葡萄产生的危害极大，严重年份可造成全园绝产。在国家果树种质左家山葡萄资源圃晚霜危害时期一般在5月上中旬。

（2）预防对策及补救措施

①通过合理调整负载量、控制病虫害、秋施基肥等措施保持树体健壮，提高树体贮藏养分水平。

②在树体进入休眠后霜冻来临之前进行灌溉，或不断用喷雾机向植株喷水，也可以减轻霜冻危害。

③注意当地天气预报，山葡萄萌芽后，在晴朗、无风的天气，当夜晚温度下降到2～3℃时，就应该做好防霜的准备，继续降到1℃时，就开始点燃放烟堆。方法是：在霜冻来临前于山葡萄园四周堆放烟堆，放烟堆的材料可用碎木屑、干叶、蒿秆或其他易燃物，并在其外表覆盖上加强发烟的杂草、茎秆等物；为了延长熏烟时间，可在放烟堆处撒盖泥土；放烟堆应分布在园的四周及园中作业道上，根据风向，上风头的放烟堆应设置得密些，使烟能迅速布满全园。

④喷布防冻剂。

⑤一旦发生冻害，应及时采取措施预以抢救，以恢复树体生长势为中心。主要措施有：疏除弱芽枝、细弱枝，保留壮枝，减少负载量；在保障常规水肥供应的基础上，增施叶面肥；适当选留潜伏芽萌发长出的枝，以更新补充。

3. 药害

（1）发生原因　山葡萄药害（图7-35）主要由于除草剂飘移引起，目前引起山葡萄发生药害的主要为2氯代苯氧类除草剂药害（chlorophenoxy herbicide injury），如2，4-滴丁酯、2，4-滴丁酸、2，4-滴丙酸、2，4-滴丙酸盐、2，4，5-T（2，4，5-三氯苯氧乙酸）等，是一类选择性除草剂，在山葡萄园内使用或长远距离的药物飘移，极易对山葡萄造成药害。其主要症状是被害叶片窄小、扇形、皱缩，叶缘缺刻呈尖细的锯齿状，与葡萄扇叶病相似，果粒受害时会延迟成熟，甚至停止生长。山葡萄对飘移的药量非常敏感，很低浓度就可使其受害，因此在山葡萄资源圃附近不能使用此类挥发型的除草剂，尤其在圃地的上风头，更应注意。此外，喷雾器如已喷过此类农药，建议不要用于资源圃其他药剂的喷施。

（2）预防对策及补救措施

①搞好区域种植规划。在种植作物时要统一规划，合理布局。山葡萄要集中连片种植，最好远离玉米等作物。在临近山葡萄园2 000m以内严禁用有飘移药害的除草剂进行化学除草，在安全距离之内也要在无风低温时使用。

②施药方法要正确。玉米田使用除草剂要选择无风或微风天气，用背负式手动喷雾器高容量均匀喷洒，施药时应尽量压低喷头，或喷头上加保护罩做定向喷洒，一般每公顷兑水600 ～ 750 kg。

③及时排毒。注意邻近田间除草剂使用动向，飘移性除草剂使用量过大时要尽早采取排毒措施，方法是在第一时间用水淋洗植株，减少附着在植株上的药物。

④使用叶面肥及植物生长调节剂。一旦发现山葡萄发生轻度药害，应及时有针对性地喷洒叶面肥及植物生长调节剂。植物生长调节剂对农作物的生长发育有很好的刺激作用，同时，还可利用锌、铁、钼等微肥及叶面肥促进作物生长，有效减轻药害。一般情况下，药害出现后，可喷施0.3%尿素、0.3%磷酸二氢钾等速效肥料，促进山葡萄生长，提高抗药能力。常用的植物生长调节剂主要有赤霉素、芸薹素内酯等，药害严重时可喷施10 ～ 40mg/kg的赤霉素或0.01mg/kg的芸薹素内酯，7 ～ 10 d喷施1次，连喷2 ～ 3次，并及时追肥浇水，可有效加速受害作物恢复生长。

图7-35　山葡萄药害（新梢）

山葡萄代表性种质资源

种质资源的广泛收集、妥善保存、深入研究及积极创新等工作都归结于“充分利用”这一最终任务。优异的种质本身既是实现我国种质资源工作方针的关键，也是种质资源高效利用的重要前提。山葡萄是我国的特色果树资源，我国在山葡萄野生资源高效利用方面的成果堪称典范，尤其是抗寒酿酒葡萄品种选育方面成就斐然，支撑了具有中国特色的山葡萄酒产业的发展。我国在山葡萄种质资源收集、保存、鉴定评价及种质创新领域开展了大量工作，为山葡萄种质资源的充分利用和品种选育奠定了坚实的基础。本章依据对山葡萄种质资源的系统评价，就部分代表性山葡萄种质资源的典型性状进行描述和展示，希望能够反映出山葡萄种质资源丰富的遗传多样性，也为山葡萄种质资源的高效利用提供借鉴。

一、山葡萄雌能花种质资源

1.左山一

种质名称：左山一
原产地（收集地）：吉林省吉林市左家镇
种质类型：选育品种
选育单位：中国农业科学院特产研究所
选育方法：资源收集
系谱：无
选育年份：1984年
观察地点：吉林市左家镇

形态特征和生物学特性：初萌幼芽红色，梢尖茸毛着色浅，新梢节间绿具红条纹，成熟枝条表面黄褐色。幼叶上表面黄绿色有光泽，下表面叶脉间具中等密度的匍匐茸毛。成龄叶为心脏形，上表面深绿色，全缘或浅3裂，上裂刻浅、开张，上裂刻基部V形，叶柄洼半开张、基部U形，叶脉不限制叶柄洼，叶缘锯齿形双侧凹，叶片上表面泡状凸起极强。秋叶红色，叶柄长14.6cm，中脉长19.6cm，叶宽23.4cm。雌能花，花序绿色，柱头绿白色，花丝反卷。左山一为二倍体。植株生长势强。4月下旬萌芽，5月下旬至6月初开花，9月上旬成熟。

果实特征及品质特性：果穗圆锥形单歧肩，副穗有或无，果穗长度15.2cm、宽度9.0cm，穗重78.8g，果穗紧密度中。果粒圆形，果粉厚，果皮蓝黑色，果粒重0.8g，果粒径1.1cm；果粒种子数2 ~ 4粒。果实可溶性固形物含量11.9%，含糖量9.7%，含酸量3.39%，单宁均值0.75g/L。种子黑褐色，喙较长，种子百粒重4.4g。

抗逆性：耐寒2区，霜霉病抗性为抗病。

图8-1所示左山一形态特征。

梢尖

新梢

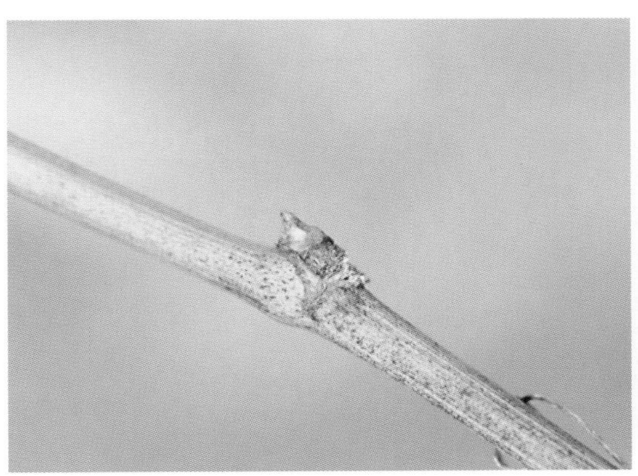

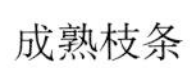

成熟枝条

初萌幼芽

幼叶

成龄叶片

秋叶

花序

雌能花

果穗及叶片

种子

结果状

图8-1　左山一形态特征

2. 左山二

种质名称： 左山二

原产地（收集地）： 黑龙江省尚志市

种质类型： 选育品种

选育单位： 中国农业科学院特产研究所

选育方法： 资源收集

系谱： 无

选育年份： 1989年

观察地点： 吉林市左家镇

形态特征和生物学特性： 初萌幼芽条块状着色，梢尖茸毛着色中，新梢绿具红条纹，成熟枝条表面黄褐色。幼叶上表面黄绿色带红棕色，有光泽，下表面叶脉间具中等密度的匍匐茸毛。成龄叶心脏形，上表面绿色，全缘或浅3裂，上裂刻浅、开张，上裂刻基部V形，成龄叶叶柄洼轻度开张、基部呈V形，叶脉不限制叶柄洼，叶缘锯齿形双侧凹、双侧直与双侧凸皆有，成龄叶上表面泡状凸起极强。秋叶红色，叶柄长16.0cm，叶中脉长17.3cm，叶宽度22.5cm。雌能花，花序绿色，柱头绿白色，花丝反卷。左山二为二倍体，植株生长势中。4月下旬萌芽，5月下旬至6月初开花，9月上旬成熟。

果实特征及品质特性： 果穗圆锥形，单歧肩或双歧肩，无副穗，长度14.4cm、宽度8.3cm，穗重109.3g，果穗紧。果粒圆形，果粉厚，果皮蓝黑色，果粒重1.0g，果粒径1.2cm，果粒种子数3 ～ 4粒。果实可溶性固形物含量16.0%，含糖量9.2%，含酸量1.66%，单宁均值0.63g/L。种子棕褐色，喙中长，种子百粒重4.4g。

抗逆性： 耐寒1区，霜霉病抗性为感病。

图8-2所示左山二形态特征。

梢尖

新梢

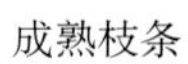

成熟枝条

初萌幼芽

幼叶

成龄叶片

秋叶

花序

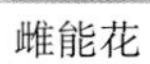
雌能花

果穗及叶片

种子

结果状

图8-2　左山二形态特征

3. 75084

种质名称：75084

原产地（收集地）：辽宁省清原满族自治县

种质类型：野生资源

选育单位：中国农业科学院特产研究所

选育方法：资源收集

系谱：无

选育年份：1975年

观察地点：吉林省吉林市左家镇

形态特征和生物学特性：初萌幼芽条块状着色，梢尖茸毛着色深，新梢绿具红条纹，成熟枝条表面黄褐色。幼叶上表面红棕色，有光泽，下表面叶脉间具中等密度的匍匐茸毛。成龄叶心脏形或肾形，上表面绿色，全缘或浅三裂，上裂刻浅、开张，上裂刻基部V形，成龄叶叶柄洼半开张、基部U形，叶脉不限制叶柄洼，叶缘锯齿形状双侧凸，成龄叶上表面泡状凸起极强。秋叶绿色，叶柄长17.3cm，叶中脉长14.0cm，叶宽17.1cm。雌能花，花序绿色，柱头绿白色，花丝反卷。75084为二倍体，植株生长势中。4月下旬萌芽，5月下旬至6月初开花，9月上旬成熟。

果实特征及品质特性：果穗圆锥形，单歧肩或双歧肩，无副穗，长度11.9cm、宽度7.6cm，穗重63.3g，果穗松紧度中。果粒圆形，果粉中，果皮蓝黑色，果粒重0.8g，果粒径1.3cm，果粒种子数3 ~ 4粒。果实可溶性固形物含量16.5%，含糖量15.6%，含酸量2.52%，单宁均值0.27g/L。种子棕褐色，喙中长，种子百粒重5.8g。

抗逆性：耐寒2区，霜霉病抗性为感病。

图8-3所示75084形态特征。

梢尖

新梢

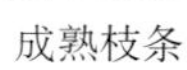

成熟枝条

幼叶

成龄叶片

秋叶

花序

雌能花

果穗及叶片

种子

结果状

图8-3　75084形态特征

| 4. 73040 |

种质名称： 73040

原产地（收集地）： 黑龙江省尚志市

种质类型： 野生资源

选育单位： 中国农业科学院特产研究所

选育方法： 资源收集

系谱： 无

选育年份： 1973年

观察地点： 吉林省吉林市左家镇

形态特征和生物学特性： 初萌幼芽着浅红色，梢尖茸毛着色浅，新梢绿色，成熟枝条表面黄褐色。幼叶上表面绿色，有光泽，下表面叶脉间匍匐茸毛疏；成龄叶楔形，上表面绿色，裂片数3裂，上裂刻浅至中、开张，上裂刻基部V形，成龄叶叶柄洼开张、基部U形，叶脉不限制叶柄洼，叶缘锯齿形双侧凸，成龄叶上表面泡状凸起极强。秋叶绿色，叶柄长14.6cm，叶中脉长13.1cm，叶宽23.4cm。雌能花，花序绿色，柱头绿白色，花丝反卷。73040为二倍体，植株生长势强。4月下旬萌芽，5月下旬至6月初开花，9月上旬成熟。

果实特征及品质特性： 果穗圆锥形，单歧肩或双歧肩，无副穗，长度16.2cm、宽度7.0cm，穗重140.8g，果穗紧。果粒圆形，果粉中，果皮蓝黑色，果粒重2.8g，果粒径1.5cm，果粒种子数3 ~ 4粒。果实可溶性固形物含量15.0%，含糖量11.4%，含酸量1.47%，单宁均值0.24g/L。种子棕褐色，喙长，种子百粒重5.4g。

抗逆性： 耐寒2区，霜霉病抗性为感病。

图8-4所示73040形态特征。

新梢

成熟枝条

初萌幼芽

幼叶

成龄叶片

秋叶

花序

雌能花

果穗及叶片

种子

结果状

图8-4　73040形态特征

二、山葡萄两性花种质资源

1.双庆

种质名称： 双庆

原产地（收集地）： 吉林市

种质类型： 选育品种

选育单位： 中国农业科学院特产研究所/吉林市长白山葡萄酒厂

选育方法： 资源收集

系谱： 无

选育年份： 1975年

观察地点： 吉林市左家镇

形态特征和生物学特性： 初萌幼芽条块状着色，梢尖茸毛着色深，新梢节间绿具红条纹，成熟枝条表面灰褐色。幼叶上表面黄绿色有光泽，下表面叶脉间匍匐茸毛密，成龄叶为心脏形，上表面深绿色，全缘，叶柄洼半开张、基部U形，叶脉限制或不限制叶柄洼，叶缘锯齿形双侧凸，叶片上表面泡状凸起极强。秋叶红紫色，叶柄长14.6cm，中脉长19.6cm，叶宽20.7cm。两性花，花蕾部分着色，柱头绿白色，花丝弯曲。双庆为二倍体，植株生长势强，4月下旬萌芽，5月下旬至6月初开花，9月上旬成熟。

果实特征及品质特性： 果穗圆锥形，单歧肩，有副穗，长度14.0cm、宽度8.8cm，穗重40.0g，果穗紧密度中。果粒圆形，果粉薄，果皮颜色蓝黑色，果粒重0.6g，果粒径0.9cm，果粒种子数3 ～ 4粒。果实可溶性固形物含量14.3%，含糖量11.6%，含酸量2.76%，单宁均值0.64g/L。种子黑褐色，种喙短，种子百粒重2.8g。

抗逆性： 耐寒2区，霜霉病抗性为高感。

图8-5所示双庆植株形态特征。

梢尖

新梢

成熟枝条

幼叶

成龄叶片

花序

秋叶

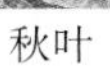

两性花

果穗及叶片

种子

结果状

图8-5　双庆形态特征

2.双丰

种质名称：双丰

原产地（收集地）：吉林市左家镇

种质类型：选育品种

选育单位：中国农业科学院特产研究所

选育方法：杂交选育

系谱：通化1号 × 双庆

选育年份：1995年

观察地点：吉林市左家镇

形态特征和生物学特性：初萌幼芽条块状着色，梢尖茸毛着色浅，新梢节间绿具红条纹，成熟枝条表面灰褐色或黄褐色。幼叶上表面绿带红棕色，有光泽，下表面叶脉间匍匐茸毛密，成龄叶为心脏形或楔形，上表面深绿色，全缘或3裂，上裂刻浅或中、开张，上裂刻基部V形或U形，成龄叶叶柄洼开张、基部U形，叶脉限制或不限制叶柄洼，叶缘锯齿形双侧凸，成龄叶上表面泡状凸起极强。秋叶红紫，叶柄长16.6cm，中脉长21.8cm，叶宽23.5cm。两性花，花蕾部分着色，柱头绿白色，花丝伸直。双丰为二倍体，植株生长势强，4月下旬萌芽，5月下旬至6月初开花，9月上旬成熟。

果实特征及品质特性：果穗圆锥形，双歧肩，副穗有或无，果穗长度14.8cm、宽度9.1cm，穗重117.9g，果穗紧密度中，果粒圆形，果粉薄，果皮蓝黑色，果粒重0.8g，果粒径1.1cm；果粒种子数3 ~ 4粒，种子黑褐色，种喙短，种子百粒重3.4g，果实可溶性固形物14.3%，含糖量10.8%，含酸量2.03%，单宁均值0.46g/L。

抗逆性：耐寒2区，霜霉病抗性为感病。

图8-6所示双丰形态特征。

梢尖

新梢

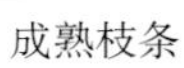

成熟枝条

初萌幼芽

幼叶

叶片

秋叶

花序

两性花

果穗及叶片

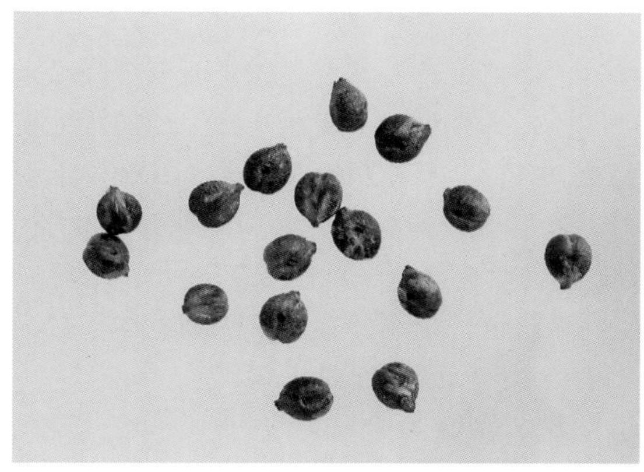

种子

结果状

图8-6　双丰形态特征

3. 双优

种质名称：双优

原产地（收集地）：吉林省集安市

种质类型：选育品种

选育单位：吉林农业大学

选育方法：实生选种

系谱：以双庆为父本的山葡萄实生后代

选育年份：1988年

观察地点：吉林省吉林市左家镇

形态特征和生物学特性：初萌幼芽条块状着色，梢尖茸毛着色极浅，新梢节间绿具红条纹，成熟枝条表面黄褐色。幼叶上表面黄绿色，有光泽，下表面叶脉间匍匐茸毛密度中，成龄叶为心脏形，上表面深绿色，全缘或浅3裂，上裂刻极浅或无、开张，上裂刻基部V形，成龄叶叶柄洼极开张、基部U形，叶脉限制叶柄洼，叶缘锯齿形双侧直、双侧凹或双侧凸，成龄叶上表面泡状凸起极强。秋叶暗红色，叶柄长17.5cm，中脉长21.1cm，叶宽23.6cm。两性花，花蕾绿色，柱头绿白色，花丝伸直。双优染色体倍数为二倍体，植株生长势中，4月下旬萌芽，5月下旬至6月初开花，9月上旬成熟。

果实特征及品质特性：果穗圆锥形，单歧肩，副穗有或无，长度16.4cm、宽度10.7cm，穗重132.6g，果穗紧。果粒圆形，果粉厚，果皮蓝黑色，果粒重1.2g，果粒径1.4cm；果粒种子数3 ～ 4粒。果实可溶性固形物含量15.8%，含糖量11.6%，含酸量2.23%，单宁均值0.24g/L。种子黑褐色，种喙短，种子百粒重2.7g。

抗逆性：耐寒2区，霜霉病抗性为高感。

图8-7所示双优形态特征。

梢尖

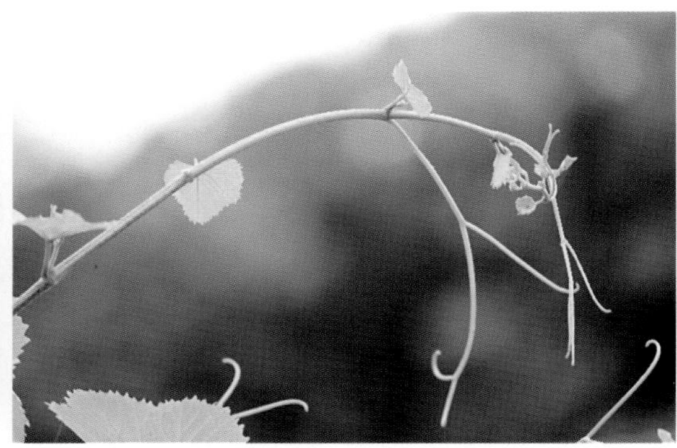

新梢

成熟枝条

初萌幼芽

幼叶

叶片

花序

两性花

果穗及叶片

种子

结果状

图8-7　双优形态特征

4.双红

种质名称：双红

原产地（收集地）：吉林市左家镇

种质类型：选育品种

选育单位：中国农业科学院特产研究所

选育方法：杂交选育

系谱：通化3号 × 双庆

选育年份：1998年

观察地点：吉林市左家镇

形态特征和生物学特性：初萌幼芽红色，梢尖茸毛着色深，新梢节间绿具红条纹，成熟枝条表面黄褐色或暗褐色。幼叶上表面绿带红棕色，有光泽，下表面叶脉间匍匐茸毛密，成龄叶为心脏形，上表面深绿色，全缘或浅3裂，上裂刻极浅、开张，上裂刻基部V形，成龄叶叶柄洼半开张、基部U形，叶脉不限制叶柄洼，叶缘锯齿形双侧凸，成龄叶上表面泡状凸起极强。秋叶暗红色，叶柄长11.2cm，中脉长14.8cm，叶宽18.3cm。两性花，花蕾部分着色，柱头绿白色，花丝弯曲或伸直。双红为二倍体，植株生长势中；4月下旬萌芽，5月下旬至6月初开花，9月上旬成熟。

果实特征及品质特性：果穗圆锥形，双歧肩，无副穗，长度16.1cm、宽度9.3cm，穗重127.0g，果穗松紧度中。果粒圆形，果粉中，果皮蓝黑色，果粒重0.83g，果粒粒径1.04cm，果粒种子数2 ~ 4粒。果实可溶性固形物含量15.6%，含糖量11.4%，含酸量1.96%，单宁均值0.62g/L。种子黑褐色，种喙中，种子百粒重3.3g。

抗逆性：耐寒2区，霜霉病抗性为抗病。

图8-8所示双红形态特征。

梢尖

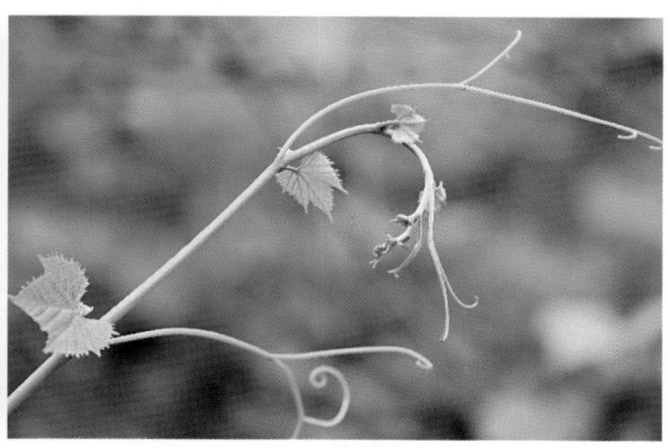

新梢

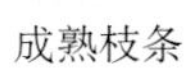

成熟枝条

初萌幼芽

幼叶

叶片

秋叶

花序

两性花

果穗及叶片

种子

结果状

图8-8 双红形态特征

5. 4N3

种质名称：4N3

原产地（收集地）：吉林省吉林市左家镇

种质类型：遗传材料

选育单位：中国农业科学院特产研究所

选育方法：实生选种

系谱：4倍体山葡萄种质2413的实生后代

选育年份：1983年

观察地点：吉林省吉林市左家镇

形态特征和生物学特性：初萌幼芽条块状着色，梢尖茸毛着色极浅，新梢节间绿具红条纹，成熟枝条表面灰褐色。幼叶上表面绿带红棕色，有光泽，下表面叶脉间匍匐茸毛密度中，成龄叶为心脏形，上表面深绿色，全缘或浅3裂，上裂刻极浅，开张，上裂刻基部V形，成龄叶叶柄洼半开张、基部U形，叶脉不限制叶柄洼，叶缘锯齿形双侧凸，成龄叶上表面泡状凸起极强。秋叶红色，叶柄长12.9cm，中脉长18.8cm，叶宽25.2cm。两性花，花蕾部分着色，柱头绿白色，花丝伸直。4N3为四倍体，植株生长势强，4月下旬萌芽，5月下旬至6月上旬开花，9月上旬成熟。

果实特征及品质特性：果穗圆锥形，双歧肩，无副穗，长度13.6cm、宽度9.7cm，穗重114.5g，果穗紧密度中。果粒圆形，果粉中，果皮蓝黑色，果粒重1.3g，果粒粒径1.3cm；果粒种子2粒。果实可溶性固形物含量11.7%，含糖量10.6%，含酸量2.98%，单宁均值0.52g/L。种子黄褐色，种喙短，种子百粒重5.9g。

抗逆性：耐寒3区，霜霉病抗性为感病。

图8-9所示4N3形态特征。

新梢

成熟枝条

初萌幼芽

叶片

秋叶

花序

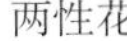

两性花

果穗及叶片

种子

结果状

图8-9　4N3形态特征

| 6.4N5 |

种质名称： 4N5

原产地（收集地）： 吉林市左家镇

种质类型： 遗传材料

选育单位： 中国农业科学院特产研究所

选育方法： 实生选种

系谱： 四倍体山葡萄种质2413的实生后代

选育年份： 1983年

观察地点： 吉林市左家镇

形态特征和生物学特性： 初萌幼芽条块状红色，梢尖茸毛着色极浅，新梢节间绿具红条纹，成熟枝条表面灰褐色。幼叶上表面绿带红棕色，有光泽，下表面叶脉间匍匐茸毛密度中，成龄叶为楔形，上表面绿色，浅3裂，上裂刻极浅、开张，上裂刻基部V形，成龄叶叶柄洼半开张、基部U形，叶脉不限制叶柄洼，叶缘锯齿形双侧凸，成龄叶上表面泡状凸起极强。秋叶红色，叶柄长12.1cm，中脉长18.7cm，叶宽23.4cm。两性花，花蕾部分着色，柱头绿白色，花丝伸直。4N5为四倍体，植株生长势强，4月下旬萌芽，5月下旬至6月上旬开花，9月上旬成熟。

果实特征及品质特性： 果穗圆锥形，单歧肩，无副穗，长度11.7cm、宽度8.3cm，穗重74.5g，果穗紧密度松。果粒圆形，果粉中，果皮蓝黑色，果粒重1.0g，果粒粒径1.2cm，果粒种子2粒。果实可溶性固形物含量13.4%，含糖量11.5%，含酸量2.56%，单宁均值0.50g/L。种子黄褐色，种喙短，种子百粒重5.3g。

抗逆性： 耐寒3区，霜霉病抗性为感病。

图8-9示4N5形态特征。

新梢

成熟枝条

初萌幼芽

叶片

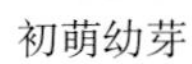

秋叶

花序

两性花

果穗及叶片

种子

结果状

图8-9 4N5形态特征

三、雄株山葡萄种质资源

73061

种质名称：73061

原产地（收集地）：敦化市

种质类型：野生资源

选育单位：中国农业科学院特产研究所

选育方法：资源收集

系谱：无

选育年份：1973年

观察地点：吉林市左家镇

形态特征和生物学特性：初萌幼芽条块状红色，梢尖茸毛着色极浅，新梢节间绿具红条纹，成熟枝条表面红褐色。幼叶上表面绿带红棕色，有光泽，下表面叶脉间匍匐茸毛密度中，成龄叶为心脏形，上表面绿色，全缘或浅3裂，上裂刻极浅，开张，上裂刻基部V形，成龄叶叶柄洼半开张、基部U形，叶脉不限制叶柄洼，叶缘锯齿形双侧凹、双侧直或双侧凸，成龄叶上表面泡状凸起极强。秋叶深红色，叶柄长13.5cm，中脉长18.0cm，叶宽21.7cm。花器类型雄花，花蕾部分着色，花丝伸直。73061为二倍体，植株生长势强，4月下旬萌芽，5月下旬至6月上旬开花。

抗逆性：耐寒2区，霜霉病抗性为感病。

图8-10示73061形态特征。

新梢

成熟枝

初萌幼芽

幼叶

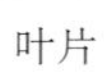
叶片

秋叶

花序

雄花

图8-10　73061形态特征

四、山欧杂种种质资源

1.左红一

种质名称： 左红一

原产地（收集地）： 吉林市左家镇

种质类型： 选育品种

选育单位： 中国农业科学院特产研究所

选育方法： 杂交选育

系谱： 79-26-58 × 74-6-83

选育年份： 1998年

观察地点： 吉林市左家镇

形态特征和生物学特性： 初萌幼芽条块状着色，梢尖茸毛着色深，新梢节间绿色，成熟枝条表面灰褐色。幼叶上表面黄绿色，有光泽，下表面叶脉间匍匐茸毛密，成龄叶为楔形或五角形，上表面深绿色，成龄叶3裂或5裂，上裂刻极浅或中、开张，上裂刻基部U形，成龄叶叶柄洼轻度开张，叶柄洼基部V形，叶脉不限制叶柄洼，叶缘锯齿形状双侧直，成龄叶上表面泡状凸起强。秋叶绿或黄色，叶柄长14.8cm，中脉长16.1cm，叶宽19.7cm。两性花，花蕾绿色，柱头绿白色，花丝伸直。左红一染色体倍数为二倍体，植株生长势中；5月上旬萌芽，6月初开花，9月上旬成熟。

果实特征及品质特性： 果穗分枝形，果穗长度16.8cm、宽度10.3cm，穗重156.7g，果穗紧密度松。果粒圆形，果粉中，果皮蓝黑色，果粒重1.0g，果粒粒径1.2cm；果粒种子3 ~ 4粒。果实可溶性固形物含量16.9%，含糖量15.0%，含酸量1.53%，单宁均值0.32g/L。种子棕褐色，种喙中，种子百粒重3.5g。

抗逆性： 耐寒4区，霜霉病抗性为抗病。

图8-11示左红一形态特征。

梢尖

新梢

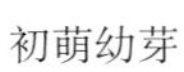

初萌幼芽

叶片

秋叶

两性花

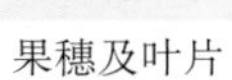

果穗及叶片

种子

结果状

图8-11　左红一形态特征

2. 左优红

种质名称：左优红

原产地（收集地）：吉林省吉林市左家镇

种质类型：选育品种

选育单位：中国农业科学院特产研究所

选育方法：杂交选育

系谱：（左山二 × 小红玫瑰）79-26-18 × 74-1-326（73134 × 双庆）

选育年份：2005年

观察地点：吉林市左家镇

形态特征和生物学特性：初萌幼芽条块状红色，梢尖茸毛着色极深，新梢节间绿具红条纹，成熟枝条表面黄褐色。幼叶上表面绿带红棕色，有光泽，下表面叶脉间匍匐茸毛密。成龄叶为楔形，上表面深绿色，裂片数为3裂，上裂刻极浅、开张，上裂刻基部V形，成龄叶叶柄洼半开张、基部U形，叶脉不限制叶柄洼，叶缘锯齿形双侧凹，成龄叶上表面泡状凸起极强。秋叶红色，叶柄长14.5cm，中脉长19.9cm，叶宽22.6cm。两性花，花蕾多数着色，柱头绿白色，花丝伸直。左优红为二倍体，植株生长势强，4月下旬萌芽，5月下旬至6月初开花，9月中旬成熟。

果实特征及品质特性：果穗圆锥形，单歧肩，有副穗，果穗长度16.8cm、宽度9.0cm，穗重144.8g，果穗紧密度中。果粒圆形，果粉中，果皮蓝黑色，果粒重1.7g，果粒粒径1.5cm，果粒种子数4粒。果实可溶性固形物含量18.5%，含糖量14.5%，含酸量1.45%，单宁均值0.30g/L。种子棕褐色，种喙中，种子百粒重5.0g。

抗逆性：耐寒4区，霜霉病抗性为抗病。

图8-12示左优红形态特征。

梢尖

新梢

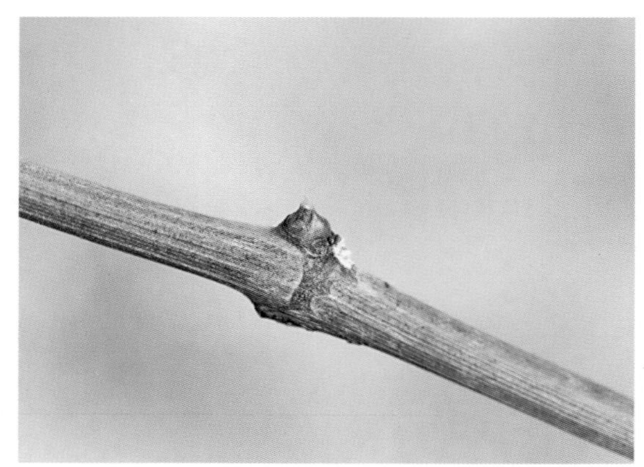

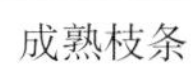

成熟枝条

初萌幼芽

幼叶

叶片

秋叶

花序

两性花

果穗及叶片

种子

结果状

图8-12　左优红形态特征

3. 北冰红

种质名称： 北冰红

原产地（收集地）： 吉林省吉林市左家镇

种质类型： 选育品种

选育单位： 中国农业科学院特产研究所

选育方法： 杂交选育

系谱： 左优红 × 86-24-53（79-22-112 × 双丰）

选育年份： 2008年

观察地点： 吉林市左家镇

形态特征和生物学特性： 初萌幼芽着色浅，梢尖茸毛无着色，新梢节间绿具红条纹，成熟枝条表面红褐色。幼叶上表面绿带红棕色，有光泽，下表面叶脉间匍匐茸毛稀，成龄叶为楔形，上表面深绿色，裂片数为3裂，上裂刻浅或中、开张，上裂刻基部U形，成龄叶叶柄洼半开张、基部U形，叶脉不限制叶柄洼，叶缘锯齿形双侧直，成龄叶上表面泡状凸起极强。秋叶红色至暗红色，叶柄长12.3cm，中脉长17.9cm，叶宽23.0cm。两性花，花蕾部分着色，柱头绿白色，花丝伸直或弯曲。北冰红为二倍体，植株生长势强，4月下旬萌芽，5月下旬至6月上旬开花，9月中旬成熟。

果实特征及品质特性： 果穗分枝形或圆锥形，单歧肩，有副穗，果穗长度19.9cm、宽度10.5cm，穗重159.5g，果穗紧密度中。果粒圆形，果粉中，果皮蓝黑色，果粒重1.3g，果粒粒径1.3cm，果粒种子4粒。果实可溶性固形物含量21.4%，含糖量13.4%，含酸量1.76%，单宁均值0.26g/L。种子棕褐色，种喙中，种子百粒重3.5g。

抗逆性： 耐寒4区，霜霉病抗性为抗病。

注：北冰红2008年通过吉林省农作物品种审定委员会审定，是经过三代杂交选育出的山欧杂种酿酒葡萄品种（图8-13），枝条可耐－29℃低温，可用于酿造红色优质冰葡萄酒。

图8-14示北冰红形态特征。

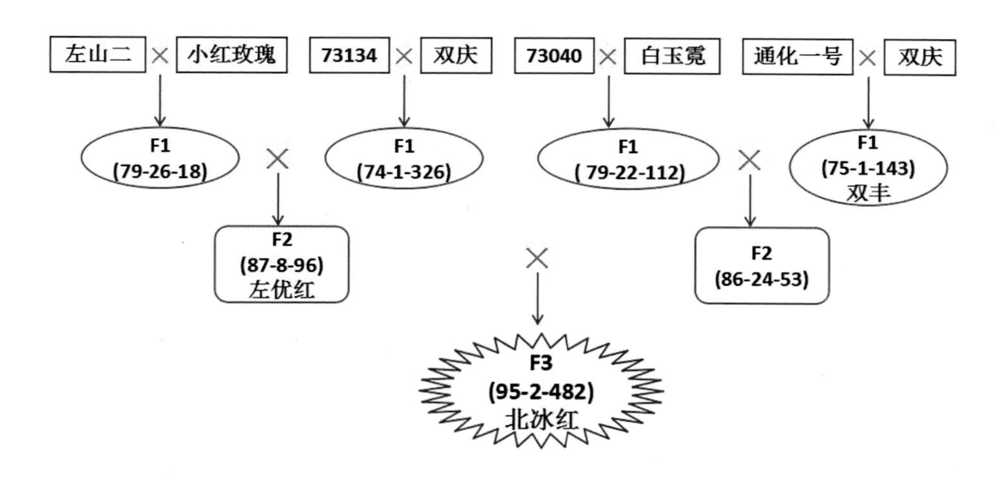

图8-13　北冰红品种选育路线图

梢尖　　新梢

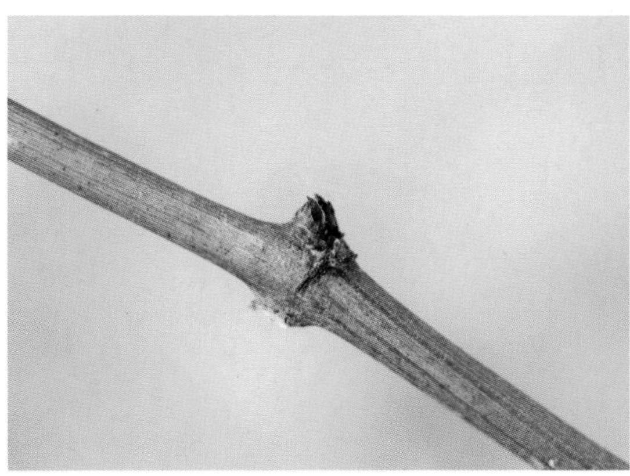

成熟枝条

初萌幼芽

叶片

秋叶

花序

两性花

果穗及叶片

种子

结果状

图8-14　北冰红形态特征

| 4. 公主白 |

种质名称：公主白

原产地（收集地）：吉林省公主岭市

种质类型：选育品种

选育单位：吉林省农业科学院果树研究所

选育方法：杂交选育

系谱：（山葡萄 × 玫瑰香）× 绿香蕉

选育年份：1992年

观察地点：吉林市左家镇

形态特征和生物学特性：初萌幼芽着色浅，梢尖茸毛无着色，新梢节间绿色，成熟枝条表面暗褐色。幼叶上表面绿色，有光泽，下表面叶脉间匍匐茸毛极稀，成龄叶为楔形，上表面深绿色，裂片数为3裂，上裂刻深度浅，开张，上裂刻基部U形或V形，成龄叶叶柄洼半开张、基部U形，叶脉不限制叶柄洼，叶缘锯齿形双侧直，成龄叶上表面泡状凸起中。秋叶黄绿色，叶柄长12.7cm，中脉长20.1cm，叶宽22.4cm。两性花，花蕾部分着色，柱头绿白色，花丝伸直。公主白为二倍体，植株生长势强，4月下旬萌芽，5月下旬至6月上旬开花，9月中旬成熟。

果实特征及品质特性：果穗圆锥形，无歧肩，有副穗，果穗长度15.0cm、宽度11.0cm，穗重190.0g，果穗紧密度中，果粒圆形，果粉中，果皮黄绿色，果粒重1.7g，果粒粒径1.4cm，果粒种子3～4粒。果实可溶性固形物含量17.4%，含糖量14.9%，含酸量1.38%，单宁均值0.24g/L。种子黄褐色，种喙中，种子百粒重4.2g。

抗逆性：耐寒5区，霜霉病抗性为抗病。

图8-15示公主白形态特征。

新梢

幼叶

叶片

秋叶

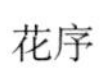

花序

两性花

果穗及叶片

种子

结果状

图8-15 公主白形态特征

主要参考文献

艾军，李爱民，李昌禹，等，2002. 细胞分裂素对山葡萄雄株性别转换的效应[J]. 园艺学报，29 (2):163-164.

艾军，沈育杰，2017. 山葡萄规范化栽培与酿酒技术[M]. 北京：中国农业出版社.

艾军，沈育杰，李晓红，等，1995. 山葡萄叶表气孔状况与霜霉病的相关性[J]. 特产研究 (2) : 14-15, 18.

段长青，2016. 中国现代农业产业可持续发展战略研究：葡萄分册[M]. 北京：中国农业出版社.

范培格，王利军，吴本宏，等，2015. 酿酒葡萄新品种‘北馨’[J]. 园艺学报，42 (2): 395-396.

郭修武，景士西，林兴桂，等，1995. 山葡萄种质资源研究初报[J]. 沈阳农业大学学报，26(3):271-276.

贺普超，2012. 中国葡萄属野生资源[M]. 北京：中国农业出版社.

贺普超，晁无疾，1982. 我国葡萄属野生种质资源的抗寒性分析[J]. 园艺学报，9(3): 17-21.

贺普超，王跃进，王国英，等，1991. 中国葡萄属野生种抗病性的研究[J]. 中国农业科学，24(3):50-56.

皇甫淳，张辉，修荆昌，等，1994.‘双优’两性花山葡萄新品种选育研究[J]. 葡萄栽培与酿酒 (4): 51-53.

孔庆山，2004. 中国葡萄志[M]. 北京：中国农业科学技术出版社.

黎盛臣，文丽珠，张凤琴，等，1983. 抗寒抗病葡萄新品种‘北醇’[J]. 植物学通报 (5): 28-30.

李晓红，沈育杰，葛玉香，等，1999. 山葡萄种质资源对霜霉病感病性的评价研究[J]. 特产研究 (4): 10-13.

李晓艳，杨义明，范书田，等，2014. 山葡萄种质资源收集、保存、评价与利用研究进展[J]. 河北林业科技 (5&6): 115-121.

林兴桂. 1982. 我国两性花山葡萄资源的发现和利用[J]. 作物种质资源(2):36-37.

林兴桂. 1993. 赴海参崴考察报告[J]. 特产研究 (2): 42-44.

刘朝銮，1998. 中国植物志(葡萄科)第四十卷：第二分册[M]. 北京：科学出版社.

刘崇怀，沈育杰，陈俊，2006. 葡萄种质资源描述规范和数据标准[M]. 北京：中国农业出版社.

刘旭，李立会，黎裕，等，1998. 作物种质资源研究回顾与发展趋势[J]. 农学学报，8(1):1-6.

罗国光，2011. 俄罗斯及前苏联对山葡萄的研究和利用—葡萄抗寒育种概况[J]. 中外葡萄与葡萄酒 (5): 74-77.

宋润刚，艾军，李晓红，等，2009. 中国山葡萄产业的发展及对策[J]. 中外葡萄与葡萄酒 (11): 64-69.

宋润刚，路文鹏，王军，等，1998. 山葡萄新品种‘双红’[J]. 中国果树(4): 5-7.

王利军，范培格，吴本宏，等，2014. 优质抗寒抗病酿酒葡萄新品种‘北玺’[J]. 园艺学报，41(12): 2543-2544.

王军，宋润刚，尹立荣，等，1996. 山葡萄新品种‘双丰’[J]. 园艺学报，23(2): 207.

王军，尹立荣，宋润刚，等，1995. 山葡萄抗寒力在种间杂交后代中的遗传 [J]. 葡萄栽培与酿酒，72(1):22-26.

王跃进，贺普超，1988. 葡萄白腐病和黑痘病抗性鉴定方法 [J]. 西北农业大学学报，16(3):17-22.

张庆田，路文鹏，范书田，等，2014. 我国山葡萄育种研究进展及展望 [J]. 河北林业科技 (5&6): 121-123.

赵奎华，2006. 葡萄病虫害原色图鉴 [M]. 北京：中国农业出版社.

赵滢，艾军，杨义明，等，2018. TTC染色指数配合Logistic方程鉴定山葡萄种质抗寒性 [J]. 农业工程学报，34(11): 174-180.

Blasi P, Blanc S, Wiedemann-Merdinoglu S, et al. , 2011. Construction of a reference linkage map of Vitis amurensis and genetic mapping of Rpv8, a locus conferring resistance to grapevine downy mildew [J]. Theor. Appl. Genet. , 123(1): 43-53.